颜氏家训

[南北朝]颜之推·著
蒋筱波·编译

插图精译

陕西新华出版 三秦出版社

图书在版编目（CIP）数据

颜氏家训 /（南北朝）颜之推著 ；蒋筱波编译．--2 版．-- 西安 ：三秦出版社，2008.04（2024.1 重印）
（国学百部文库）
ISBN 978-7-80628-577-0

Ⅰ．①颜… Ⅱ．①颜… ②蒋… Ⅲ．①家庭道德－中国－南北朝时代②颜氏家训－注释③颜氏家训－译文 Ⅳ．①B823.1

中国版本图书馆 CIP 数据核字（2008）第 036248 号

书　　名　颜氏家训
作　　者　［南北朝］颜之推 著　蒋筱波 编译
责　　编　贾　云
封面设计　新华智品

出版发行　三秦出版社
社　　址　西安市雁塔区曲江新区登高路 1388 号
电　　话　（029）81205236
邮政编码　710061
印　　刷　北京一鑫印务有限责任公司
开　　本　680×1020　1/16
印　　张　9
字　　数　143 千字
版　　次　2008 年 4 月第 2 版
印　　次　2024 年 1 月第 2 次印刷
标准书号　ISBN 978-7-80628-577-0

定　　价　39.80 元
网　　址　http://www.sqcbs.cn

前　言

《颜氏家训》是中国最著名、最有影响的一部“家训”，其内容涉及许多领域，强调教育体系应以儒学为核心，尤其注重对孩子的早期教育，并对儒学、文学、佛学等方面提出了自己独到的见解。

作者颜之推，字介，琅琊临沂人。颜之推自19岁步入宦途，历官四朝。凭自己的学问在仕途上曲折前进。由于他身处社会动荡之时，并多次成为亡国之人，耳闻目睹了许多士大夫家破人亡的现实，因此，又使他看到了社会的险恶及其士族统治的危机。从士族地主的立场出发，为保持自己家族的传统与地位，他根据自己的经历和体验，写出了我国封建社会第一部完整的家庭教科书——《颜氏家训》，用以训诫其子孙。

《颜氏家训》全书共七卷二十篇，内容广泛，涉及儒学、佛学、道家、玄学、史学、文学、音韵、训诂、风俗习惯以及当时各地的生活方式，“又兼论字画音训，并考定典故，品弟文艺”，内容的确“曼衍旁涉”。其核心主要是以传统儒家思想教育子弟，讲如何修身、治家、处世、为学等。其中也有许多意义积极的见解。如提倡学习，反对不学无术；认为学习以读书为主，又要注意工农商贾等各种技艺和知识；主张“学贵能行”，反对空谈高论，不务实际。此外，书中还对南北朝社会风气、习俗经常提出批评，如：赞成北方妇女参加劳动，反对重男轻女和买卖婚姻；提倡锻炼身体以养生，反对苟且偷生和炼丹服药追求长生；认为仕宦升沉，要听其自然，反对钻营官职，贪图利禄。这在当时是难能可贵的。

《颜氏家训》文笔流利，风格平易亲切，讽刺之笔意味隽永，虽然是骈体，但理论平实且不落俗套，在当时南方浮华、北方粗野的气氛中自成一家。故范文澜先生评价颜之推“是当时南北两朝最通博最有思想的学者”。王利器先生也对它的学术地位予以很高的评价，他说：“《颜氏家训》是一部很有用的典籍，它以训家名理为名目，其实讲的内容很宽，有些甚至现在看来是绝学，如音韵学。”正因如此，《颜氏家训》自问世以来，备受推崇。宋代著名藏书家陈振孙认为“古今家训，以此为祖”（《直斋书录解题》）；王钺《读书丛残》认为它“篇篇药石，言言龟鉴，凡为人子弟者，可家置一册，奉为明训”。

此外，《颜氏家训》还为研究南北朝历史和研究《汉书》、《文心雕龙》及其他经典提供了大量参考资料。因此说，《颜氏家训》既是一部见解记录，又是一部道德规范的教科书，还是一部优秀的文学作品。

《颜氏家训》取材广泛，内容丰富，考虑到普及的需要，我们选取了其中最具代表性的篇章，以供读者阅读，希望本书能对您的学习和生活有所裨益。

编　者

2008 年 8 月

目　录

序　致

【原文】

夫圣贤之书，教人诚孝，慎言检迹，立身扬名，亦已备矣。魏晋已来，所著诸子，理重事复，递相模斅，犹屋下架屋，床上施床耳。吾今所以复为此者，非敢轨物范世也，业以整齐门内，提撕子孙。夫同言而信，信其所亲；同命而行，行其所服。禁童子之暴谑，则师友之诫，不如傅婢之指挥；止凡人之斗阋，则尧舜之道，不如寡妻之诲谕。吾望此书为汝曹之所信，犹贤于侍婢寡妻耳。

【译文】

那些圣贤们留下的著作，教诲人们忠诚孝顺、说话要谨慎、做事要检点、建功立业、传扬美名等道理，也已经很完备的了。魏晋以来各学派撰写的著作，事情和道理多是重复的，互相模仿，就像屋下架屋，床上叠床一样多余。我现在所以还写这个，并不是要想为世人做规范，只是为了整顿家门风气，提醒子孙。同样一句话，让人信服了，是因为说话人是自己所亲近的人；同样一个嘱咐，要让人遵行，是因为人们遵行自己所信服的人。要禁止儿童胡闹、戏笑，那师友的训诫，就不如奴婢的指挥；要禁止兄弟之间的内讧，那么尧舜之道，还不如妻子的劝导。我希望这本书能被你们信服，总要胜过侍婢、妻子吧。

颜之推

【原文】

吾家风教，素为整密。昔在龆龀，便蒙诱诲；每从两兄，晓夕温凊，规行矩步，安辞定色，锵锵翼翼，若朝严君焉。赐以优言，问所好尚，励短引长，莫不恳笃。年始九岁，便丁荼蓼，家涂离散，百口索然。慈兄鞠养，苦辛备至；有仁无威，导示不切。虽读《礼》、《传》，微爱属文，颇为凡人之所陶染，肆欲轻言，不修边幅。年十八九，少知砥砺，习若自然，卒难洗荡。二十已后，大过稀焉；每常心共口敌，性与情竞，夜觉晓非，今悔昨失，自怜无教，以至于斯。追思平昔之指，铭肌镂骨，非徒古书之诫，经目过耳也。故留此二十篇，以为汝曹后车耳。

【译文】

我们颜氏家族的门风家教，一向是严整缜密的。我很小的时候，就受到长辈的诱导教诲。常常跟着两位兄长学习，早晚向父母请安，冬天为父母温被，夏天为父母扇凉，一举一动都规规矩矩，言语平和，举止方正，严肃端庄，好像拜见父母。父母经常勉励我，询问我的爱好，表扬我的优点，改正我的缺点，这些没有一样不是恳切深厚的。我刚满九岁，父母便去世了，从此家道衰落，一家百余口零落离散。慈爱的兄长抚养我长大，历尽千辛万苦。兄长仁慈没有威严，对我监督教导不够严厉。我虽然读过《礼记》、《左传》，有点喜欢作文章，但是，习惯形成的东西就像自然生成一样，放纵私欲，随意说话，不修边幅。到了十八九岁，我才稍微懂得磨炼节操德行；但习惯成自然，最终还是无法彻底根除。二十岁以后，就很少有大的过错，但还是经常心和口相敌；理智与感情互相冲突着。夜里觉察出白天的过错；今日又对昨日的过失十分后悔。自己常叹息由于没有受到良好的教育才到了今天这个地步。回想自己一生的教训，铭心刻骨，它不只是古书的告诫，仅仅耳闻目睹而已。因而留下这二十篇文章，你们可以拿来做后车之鉴。

教　子

【原文】

上智不教而成，下愚虽教无益，中庸之人，不教不知也。古者，圣王有胎教之法：怀子三月，出居别宫，目不邪视，耳不妄听，音声滋味，以礼节之。书之玉版，藏诸金匮。生子咳𦐾，师保固明，孝仁礼义，导习之矣。

凡庶纵不能尔，当及婴稚，识人颜色，知人喜怒，便加教诲，使为则为，使止则止。比及数岁，可省笞罚。父母威严而有慈，则子女畏慎而生孝矣。吾见世间，无教而有爱，每不能然；饮食运为，恣其所欲，宜诫翻奖，应呵反笑，至有识知，谓法当尔。骄慢已习，方复制之，捶挞至死而无威，忿怒日隆而增怨，逮于成长，终为败德。孔子云：“少成若天性，习惯如自然。”是也。俗谚曰：“教妇初来，教儿婴孩。”诚哉斯语！

【译文】

如果一个人智力超群，那么不用教诲他也能成才；如果一个人智能低下，即使谆谆教诲也一点用处也没有的；普通人却是必须教育才能提高的。在古代，贤明的君王有所谓胎教之法：王后怀胎三个月时，应当让其迁移到别的宫殿居住，不让她看到和听到不好的东西；音乐、饮食按礼制加以节制。君王将胎教之法写在玉版上，藏在金柜里。太子在襁褓之中，太师、太保就阐明忠孝礼义，以此对他引导教育。普通百姓虽不能和皇家一样，也应当在孩子的婴儿时期，刚刚懂得看人脸色、辨别人的喜怒的时候，就开始教育他。让他做什么，就得做什么；不让他做什么，就不能做什么。这样到了五六岁，就可以少受鞭笞的责罚。父母既威严又慈爱，子女才会畏惧谨慎，并从而生出孝心。我看世上有些父母，对子女不加以教诲，一味溺爱，常常做不到这一点。父母对孩子的饮食起居、言行举止过于迁就，任其为所欲为，一些本是应该训诫的，反而加以奖励；应该呵责的，反而一笑了之。等孩子长大一些，就认为理法就应是这样，等已经养成了骄横的习性，这时才去管教他们，即使将他们捶打鞭挞至死，父母也难以树立威信。父母越来越忿怒，孩子对父母的怨恨也越来越深。这样的孩子长大以后，终将要败德破家。孔子说过：“少年形成的性格，就会习惯成自然。”俗话又说：“教育媳妇要从她初来时开始；教育孩子要从婴儿的时候开始。”这话说得太有道理了！

子曰：少成若
天性，习惯如自然。

【原文】

凡人不能教子女者，亦非欲陷其罪恶；但重于呵怒，伤其颜色，不忍楚挞惨其肌肤耳。当以疾病为谕，安得不用汤药针艾救之哉？又宜思勤督训者，可愿苛虐于骨肉乎？诚不得已也。

王大司马母魏夫人，性甚严正；王在湓城时，为三千人将，年逾四十，少不如意，犹捶挞之，故能成其勋业。梁元帝时，有一学士，聪敏有才，为父所宠，失于教义；一言之是，遍于行路，终年誉之；一行之非，揜藏文饰，冀其自改。年登婚宦，暴慢日滋，竟以言语不择，为周逖抽肠衅鼓云。

【译文】

一般说来，那些不能很好教育子女的父母，也不是存心要让子女去犯罪作恶，只是难于下狠心呵责怒骂，怕对孩子的脸面有所伤害；不忍心鞭挞，怕孩子受皮肉之苦。这应当用一个人生病来作比喻，怎么能不用汤药针灸来治病呢？又应该想想那些勤于督促训导孩子的父母，怎么会愿意呵责虐待自己的亲生骨肉呢？实在是不得已啊！

大司马王僧辩的母亲魏夫人，秉性严厉且方正。王僧辩在湓城时，是统率三千人的将领，已经四十多岁了，但只要稍微不称魏老夫人的意，老夫人还要用棍棒来教训他。所以最后王僧辩能建功立业。梁元帝时，有个学子很聪明很有才气，深得父亲的宠爱，但却不重视对他的教育。有一句话说得有道理，做父亲的就让全街的人知道他，整年地称赞他；一件事做错了，父亲就为他百般遮掩粉饰，指望他自己改正。他到了为学求官，成婚娶妻的年龄，残暴傲慢一天厉害于一天。终因言语放肆，被周逖杀掉，还抽了肠子，血被用来涂战鼓了。

【原文】

父亲之严，不可以狎；骨肉之爱，不可以简。简则慈孝不接，狎则怠慢生焉。由命士以上，父子异宫，此不狎之道也；抑搔痒痛，悬衾箧枕，此不简之教也。或问曰："陈亢喜闻君子之远其子，何谓也？"对曰："有是也。盖君子之不亲教其子也。《诗》有讽刺之辞，《礼》有嫌疑之诫，《书》有悖乱之事，《春秋》有邪僻之讥,《易》有备物之象：皆非父子之可通言，故不亲授耳。”

【译文】

父亲对孩子要严厉，对孩子不能过于亲昵；骨肉之间要相亲相爱，不能过于简慢。如果做不到这样，就形成不了父慈子孝的关系，还会生出放肆不敬之心。士大夫阶层以上的人，父子分室而住，这是防止亲昵的办法；为父母按摩止痛止痒，收拾卧具等等，都是为了防止简慢不庄重。有人问道：“陈亢听说了孔子疏远儿子的事，感到高兴，这是为什么呢？”我回答说：“是有这么回事。看来君子不会亲自去教授孩子，是由于《诗经》中有讽刺的言辞；《礼记》中有避嫌的告诫；《尚书》中记有背道淫乱的事情；《春秋》中有对邪僻的讥讽；《周易》中有包容阴阳万物的卦象。这些都是不适宜于父亲向儿子直接谈论的，所以孔子也不亲自教自己的儿子。”

父亲之严，不可以狎；
骨肉之爱，不可以简。

【原文】

齐武成帝子琅邪王，太子母弟也，生而聪慧，帝及后并笃爱之，衣服饮食，与东宫相准。帝每面称之曰：“此黠儿也，当有所成。”及太子即位，王居别宫，礼数优僭，不与诸王等；太后犹谓不足，常以为言。年十许岁，骄恣无节，器服玩好，必拟乘舆；常朝南殿，见典御进新冰，钩盾献早李，还索不得，遂大怒，询曰：“至尊已有，我何意无？”不知分齐。率皆如此。识者多有叔段、州吁之讥。后嫌宰相，遂矫诏斩之，又惧有救，乃勒麾下军士，防守殿门；既无反心，受劳而罢，后竟坐此幽薨。

【译文】

北齐武成帝的儿子琅邪王高俨，是太子高纬的同母弟弟，小时候就聪明伶俐，武成帝和皇后对他十分宠爱。他的衣服饮食，与太子高纬没有什么两样。武成帝常当面称赞他说：“这孩子很聪明，将来会有所成就的。”等到太子继位，琅邪王就移居于别的宫殿，新王平日对他的礼遇都很优待，远远超过了其他诸王。皇太后还觉得不够，常常唠叨这件事。琅邪王十岁左右的时候，骄横放肆，毫无节制，器用服饰，珍奇玩物，一定要和皇帝一样。他曾到南殿朝见，看见皇上的近侍典御及钩盾署给皇帝进献新出的冰块、李子，回去后就派人索要，却未能如愿，就大发脾气，怒骂道："皇帝都有了，为什么没有我的份！"他的不知分寸不守本分，差不多就是这个样子。有识之人都讥讽他像共叔段、州吁一样不懂得君臣之礼。后来，琅邪王因嫌恶宰相，就假传圣旨杀掉宰相，又担心皇帝知道会下旨解救，于是命令手下军士防守殿门。他并无反叛之心，听了皇帝几句安慰的话就撤了兵。最后还是因为此事被幽禁起来处死。

【原文】

人之爱子，罕亦能均；自古及今，此弊多矣。贤俊者自可赏爱，顽鲁者亦当矜怜，有偏宠者，虽欲以厚之，更所以祸之。共叔之死，母实为之。赵王之戮，父实使之。刘表之倾宗覆族，袁绍之地裂兵亡，可为灵龟明鉴也。

齐朝有一士大夫，尝谓吾曰："我有一儿，年已十七，颇晓书疏。教其鲜卑语及弹琵琶，稍欲通解，以此伏事公卿，无不宠爱，亦要事也。"吾时俛而不答。异哉，此人之教子也！若由此业，自致卿相，亦不愿汝曹为之。

【译文】

人们疼爱自己的孩子，却很少有能够做到一视同仁的，从古到今，这方面的弊端实在太多了。聪慧漂亮的孩子固然值得赏识和爱惜，顽劣愚笨的儿子也应当予以同情与怜爱。被偏爱的人，虽然是想厚待他，实际却正是害了他。共叔段之死，实际上是母后姜氏造成的；赵隐王如意的被杀，实际上是父皇刘邦造成的；至于刘表家族的覆灭，袁绍的兵败失地，这些都可以作为灵龟明镜，供后人借鉴。

北齐的一位士大夫曾经对我说："我有一个儿子，已经十七岁了，颇通文墨，我就教他鲜卑语和弹琵琶，稍加点拨就学会了。将来用这些本领服侍公卿大夫，没有人不宠爱他。这也是一件紧要的事啊！"我当时听了没有作出反应，心想这位士大夫教育儿子的方法也太令人吃惊了！如果像这样取媚于人，即使能够做到宰相的位置，我也不愿意你们去做这样的事。

兄　　弟

【原文】

夫有人民而后有夫妇，有夫妇而后有父子，有父子而后有兄弟；一家之亲，此三而已矣。自兹以往，至于九族，皆本于三亲焉。故于人伦为重者也，不可不笃。

兄弟者，分形连气之人也，方其幼也，父母左提右挈，前襟后裾，食则同案，衣则传服，学则连业，游则共方，虽有悖乱之人，不能不相爱也。及其壮也，各妻其妻，各子其子，虽有笃厚之人，不能不少衰也。娣姒之比兄弟，则疏薄矣；今使疏薄之人，而节量亲厚之恩，犹方底而圆盖，必不合矣。惟友悌深至，不为旁人之所移者，免夫！

【译文】

有了人类，然后才有夫妇，有了夫妇然后才有父子，有了父子然后才有兄弟。一家中的亲人就是这三种关系，由此类推，直至产生出九族的亲属，都源于这“三亲”关系，因此在人伦中，这三亲最为重要，绝不可以轻慢这种亲情。

兄弟之间，形体分开，而气血相通。当他们年纪还小的时候，父母左手拉着哥哥，右手牵着弟弟；哥哥拉着父母的衣襟，弟弟牵着父母的衣裙；兄弟吃饭在同一张桌子上，游玩在同一个地方；衣服也是同一件衣服哥哥穿了以后再由弟弟穿，读书也是这样，学的东西也一样。即使有违逆愚顽的行为，也不能不相亲相爱。弟兄们长大之后，各自爱着自己的妻子和儿女，即使诚实忠厚的人，兄弟之情也不能不有所减弱。妯娌之情与兄弟之情相比，就会疏远淡薄很多了。现在让感情淡薄的人来制约兄弟间浓厚的亲情，就好像容器方底配上圆盖，必然不能密合无间的了。只有兄弟之情深切恳至，不受旁人的影响而改变兄弟之情，才能避免以上的情况啊！

【原文】

二亲既殁，兄弟相顾，当如形之与影，声之与响；爱先人之遗体，惜己身之分气，非兄弟何念哉？兄弟之际，异于他人，望深则易怨，地亲则易弭。譬犹居室，一穴则塞之，一隙则涂之，则无颓毁之虑；如雀鼠之不恤，风雨之不防，壁陷楹沦，无可救矣。仆妾之为雀鼠，妻子之为风雨，甚哉！

兄弟不睦，则子侄不爱；子侄不爱，则群从疏薄；群从疏薄，则僮仆为仇敌矣。如此，则行路皆踖其面而蹈其心，谁救之哉？人或交天下之士，皆有欢爱，而失敬于兄者，何其能多而不能少也！人或将数万之师，得其死力，而失恩于弟者，何其能疏而不能亲也！

【译文】

父母双亲都故去之后，兄弟应该互相照应，关系亲密得应当像身体与影子，声音与回响一样。爱惜先人给予的躯体，珍惜从父母那里分得的血气，如不互相爱惜，还有谁值得如此惦念呢？兄弟之间，有别于他人，彼此期望过高，就容易产生怨恨。但关系亲近，不满也容易消除。就好像住房一样，破了一个洞，就及时堵塞；裂了一条缝，就及时封住；这样就不必为房子的倒塌而担心了。如果鸟雀老鼠风雨的破坏都不担忧、不提防；那么墙壁就会倒塌，房梁就会毁坏，就无法再补救了。一个家庭里，侍妾好像老鼠和麻雀，妻子好像风雨，而且更厉害呀！

兄弟不睦，则子侄不爱；
子侄不爱，则群从疏薄；
群从疏薄，则僮仆为仇敌矣。

如果兄弟之间不和睦，那么子侄之间就不会相亲相爱；子女之间不互相爱护，家族中的子弟就疏远淡漠；家族中的子弟疏远淡漠，那么仆役之间也互相视为仇敌。这样的话，陌生人都会来欺负他们，还有谁会来相救呢？有的人结交天下之士，与他们都友好相处，关系融洽，却对他的兄长丝毫没有敬意。为什么能够亲近那么多人却不能尊重兄长呢！有的人能率领几万军队，能得到将士们的拥戴；但对自己的弟弟反而缺少恩爱。为什么能够亲善疏远的人而对自己的亲人却不能亲密呢！

【原文】

娣姒者，多争之地也，使骨肉居之，亦不若各归四海，感霜露而相思，伫日月之相望也。况以行路之人，处多争之地，能无间者，鲜矣。所以然者，以其当公务而执私情，处重责而怀薄义也；若能恕己而行，换子而抚，则此患不生矣。

人之事兄，不可同于事父，何怨爱弟不及爱子乎？是反照而不明也，沛国刘琎，尝与兄瓛连栋隔壁，瓛呼之数声不应，良久方答；瓛怪问之，及曰："向来未着衣帽故也。"以此事兄，可以免矣。

江陵王玄绍，弟孝英、子敏兄弟三人，特相友爱，所得甘旨新异，非共聚食，必不先尝，孜孜色貌，相见如不足者。及西台陷没，玄绍以形体魁梧，为兵所围，二弟争共抱持，各求代死，终不得解，遂并命尔。

【译文】

妯娌之间，是非常容易产生纠纷矛盾的，如果是同胞姊妹，与其让她们成为妯娌住在一起，倒不如分别嫁到不同的地方，这样，她们反而会因感受霜露的降临而互相思念，仰观日月的运行而相互想念。何况妯娌本是陌路之人，能够亲密无间没有矛盾的，实在是太少了。之所以会这样，是因为大家面对家庭中的集体事务时却出以私情，肩负重大的家庭责任而心里却有各自微不足道的恩义。如果她们能够实行己所不欲勿施于人的原则，把妯娌的孩子当成自己的孩子加以爱抚，那么也就不会产生这种弊端了。

有的人侍奉兄长，远远不会像侍奉父母那样恭敬，那又怎么可以埋怨兄长怜爱弟弟不如怜爱儿子呢？这反而证明了自己缺乏自知之明。沛国的刘琎曾经与兄刘瓛隔壁住在一起，中间只有一墙之隔，有次哥哥呼唤弟弟，叫了几声没有听到回应，过了很久才有应答。刘瓛感到奇怪，就问他，刘琎说："因为刚才没有穿戴整齐。"像这样敬奉兄长，就不必担心哥哥对自己的情义不如对儿子的怜爱了。

江陵的王玄绍和弟弟王孝英、王子敏，兄弟三人十分友爱。如果谁得到一些美味可口或新鲜的食物，都要三人共享，决不一人先尝。他们勤勉尽力，互相尊敬，相见时总感到没有相处够一样。后来战火蔓延到江陵，王玄绍因体态魁梧，被敌兵包围。两个弟弟争着保护他，都要替他去死，最终没有消除灾难，便与兄长一同被害了。

后娶

【原文】

吉甫，贤父也，伯奇，孝子也，以贤父御孝子，合得终于天性，而后妻间之，伯奇遂放，曾参妇死，谓其子曰："吾不及吉甫，汝不及伯奇。"王骏丧妻，亦谓人曰："我不及曾参，子不如华、元。"并终身不娶，此等足以为诫。其后，假继惨虐孤遗，离间骨肉，伤心断肠者，何可胜数。慎之哉！慎之哉！

【译文】

尹吉甫是位贤明的父亲，尹伯奇是位孝顺的儿子。慈父和孝子在一起，应该可以享尽天伦之乐了，然而由于尹吉甫的后妻挑拨离间，尹伯奇竟然被赶出家门。曾参的妻子死后，他就对儿子说："我不如尹吉甫贤良，你们也不如尹伯奇孝顺。"王骏丧妻后也对别人说："我不如曾参贤良，我儿子不如曾参的儿子曾华、曾元孝顺。"曾参、王骏后来都终身没有再婚。这些事例都是让人们值得借鉴的。后母残酷虐待前妻的孩子，挑拨离间父子感情，这种令人伤心断肠的事，数都数不过来。要慎重啊！要千万小心！

【原文】

江左不讳庶孽，丧室之后，多以妾媵终家事；疥癣蚊虻，或未能免，限以大分，故稀斗阋之耻。河北鄙于侧出，不预人流，是以必须重娶，至于三四，母年有少于子者。后母之弟，与前妇之兄，衣服饮食，爰及婚宦，至于士庶贵贱之隔，俗以为常。身没之后，辞讼盈公门，谤辱彰道路，子诬母为妾，弟黜兄为佣，播扬先人之辞迹，暴露祖考之长短，以求直己者，往往而有。悲夫，自古奸臣佞妾，以一言陷人者众矣！况夫妇之义，晓夕移之，婢仆求容，助相说引，积年累月，安有孝子乎？此不可不畏。

【译文】

按江东的风俗，人们不嫌弃小妾生的孩子，所以妻子死后，不一定续娶，多让小妾主持家务。虽然家中鸡毛蒜皮的小纠纷或许不能避免，但由于后来主事的妾没有名分，所以很少发生兄弟内讧的家门之耻。河北地区的人则鄙视小妾生的孩子，这些孩子不能与正妻所生的孩子享有平等的地位，因而妻子死后必须重新娶妻。以至有人先后娶了三四次。造成最后的继母年龄还比大儿子还要小的情形。后母生的弟弟与前妻生的哥哥，在衣服饮食、婚娶、求官等方面之间的分别，竟还要像士大夫与庶民一样，世俗都对此习以为常。父亲死后，家庭内部的诉讼就闹到了公堂，彼此互相诽谤污辱。前妻的儿子诬蔑后母是小妾，后母的儿子贬斥异母哥哥为用人；为了自己在官司上胜诉，都把对方家里的丑事揭露出来，即使把父亲的言行隐私传播出来也在所不惜。这样的事处处都有。真是可悲啊！自古以来奸诈的臣子，谄媚的小妾，用一句话将人害惨的事太多太多了。何况现在有夫妻名分，妻子早早晚晚向丈夫进谗言、离间父子关系，侍仆为了讨主子的欢心，也在一旁加以引诱。这样长年累月，怎么会有孝子呢？这真让人感到害怕啊！

二十四孝之闵子骞单衣顺母

【原文】

凡庸之性，后夫多宠前夫之孤，后妻必虐前妻之子；非唯妇人怀嫉妒之情，丈夫有沈惑之僻，亦事势使之然也。前夫之孤，不敢与我子争家，提携鞠养，积习生爱，故宠之；前妻之子，每居己生之上，宦学婚嫁，莫不为防焉，故虐之。异姓宠则父母被怨。继亲虐则兄弟为仇，家有此者，皆门户之祸也。

思鲁等从舅殷外臣，博达之士也，有子基、谌，皆已成立，而再娶王氏。基每拜见后母，感慕呜咽，不能自持，家人莫忍仰视。王亦凄怆，不知所容，旬月求退，便以礼遣，此亦悔事也。

【译文】

一般说来，大多数人的性格，后夫对于前夫的儿子多宠爱，而后妻对前妻之子却多虐待。这并非只是妇人天生具有嫉妒之心，男人头脑糊涂的缘故；这也是事物的情势使他们这样做的啊。前夫的孤儿，在这一家中是异姓，不能也不敢与这家的儿子争短长，后夫尽心抚养他，日积月累就会产生父子之情，因此后夫宠爱前夫之子。至于前妻的儿子，地位往往在自己的儿子上面，求学做官，婚姻嫁娶，都生怕会对自己儿子产生不利影响，因此后母虐待他。异姓的儿子受宠，亲生的儿子就怨恨父亲；后母虐待前妻的儿子，兄弟之间就会变成仇敌。如果哪家有这类情况，这都是家族的祸患啊！

殷外臣是颜思鲁的堂舅，是位博学通达的人。儿子殷基、殷谌都已娶妻生子，而殷外臣续娶王氏为妻。殷基每次拜见后母，都因思念生母而伤心痛哭，以至无法控制自己，弄得家里的人都不敢抬头看他。王氏也很悲伤，不知道如何是好。不到一个月就请求离去，殷外臣就按礼节将她送走了。这件事真令人遗憾啊。

【原文】

《后汉书》曰：“安帝时，汝南薛包孟尝，好学笃行，丧母，以至孝闻。及父娶后妻而憎包，分出之，包日夜号泣，不能去，至被殴杖。不得已，庐于舍外，旦入而洒扫。父怒，又逐之。乃庐于里门，昏晨不废。积岁余，父母惭而还之。后行六年服，丧过乎哀，既而弟子求分财异居，包不能止，及中分其财；奴婢引其老者，曰：‘与我共事久，若不能使也。’田庐取其荒顿者，曰：‘吾少时所理，意所恋也。’器物取其朽败者，曰：‘我素所服食，身口所安也。’弟子数破其产，还复赈给。建光中，公车特征，至拜侍中，包性恬虚，称疾不起，以死自乞，有诏赐告归也。”

【译文】

《后汉书》记载：汉安帝的时候，有个叫薛包的汝南人，字孟尝。学问和品行都好，母亲已经去世了，他因为极尽孝道而闻名。薛的父亲娶了后妻后就十分憎恶他，将他分出去另过。薛包日夜哭泣，不肯离家，最后父亲竟用棍子打他，不得已，只好在屋外搭了草棚栖身，天一亮就回家打扫庭院。父亲大怒，又把他赶了出来，他就在里门外搭个茅屋暂住，然而还是坚持每天早晚回家请安问候。一年多以后，父母感到羞愧，就让他搬到了家里。后来他为父母守孝六年，服孝期间万分悲痛。父母死后不久，弟弟要求分财产分开过，薛包无法劝止，就将财产平分：家中奴婢，薛包自己要那些老的，他说："这些奴仆和我相处的时间很长，你使唤起来很不方便。"田地房屋，他要的是荒芜破败的，他说："这些是我从小所熟悉的，对它们很留恋。"他还把那些破旧的器具全留下了，说："这些器物是我平时常用的，已经用惯了。"后来他的弟弟几次把自己的那份家产破败了，薛包还反过来接济弟弟。建光年间，朝廷优礼征召他，并授予侍中的官职；薛包生性恬淡，以有病为由推辞不就，以死乞回。皇帝下诏准许他还乡。

治　　家

【原文】

夫风化者，自上而行于下者也，自先而施于后者也，是以父不慈则子不孝，兄不友则弟不恭，夫不义则妇不顺矣。父慈而子逆，兄友而弟傲，夫义而妇陵，则天之凶民，乃刑戮之所摄，非训导之所移也。

笞怒废于家，则竖子之过立见；刑罚不中，则民无所措手足。治家之宽猛，亦犹国焉。

【译文】

一般来说，风俗教化，都是先从上面实行，然后再让下面效仿；是自己先带头施行，而后再让别人实施。所以父不慈爱可以带来儿子不仁孝；兄长不友爱，弟弟就不会恭敬；丈夫不仁义，妻子就不会和顺。如果父亲慈爱而儿子乖逆；兄长友爱而弟弟傲慢；丈夫仁义而妻子骄横，那么，这些人就必定是天生的恶人，只能用刑罚制服他们，训诫诱导是不能使他们改变的。

家里废弃了鞭笞的惩罚，那么孩子的过错立刻会得以表现；国家的刑罚不公平，百姓就会不知所措。治理一个家庭既要宽大也要严厉，与治理国家一样。

【原文】

孔子曰："奢则不孙，俭则固；与其不孙也，宁固。"又云："如有周公之才之美，使骄且吝，其余不足观也已。"然则可俭而不可吝也。俭者，省约为礼之谓也；吝者，穷急不恤之谓也。今有施则奢，俭则吝；如能施而不奢，俭而不吝，可矣。

生民之本，要当稼穑而食，桑麻以衣，蔬果之畜，园场之所产；鸡豚之善，埘圈之所生。爰及栋宇器械，樵苏脂烛，莫非种殖之物也。至能守其业者，闭门而为生之具以足，但家无盐井耳。今北土风俗，率能躬俭节用，以赡衣食；江南奢侈，多不逮焉。

【译文】

孔子说："奢侈就会显得不谦恭，节俭则会使人显得鄙陋。与其奢侈而造成不谦逊，不如节俭而显得鄙陋。"孔子又说道："假如一个人的才能像周公那样，但如果他既骄纵又吝啬，那么这人别的方面也就不值一提了。"这么说来，为人应该省俭而不应该吝啬。省俭是指节约用度又符合礼节；吝啬是指对穷困急难的人也不关照周济。现在有的人施舍时过于奢侈，省俭时又过于吝啬。如果能做到施舍而不奢侈，节俭而不吝啬，那就可以了！

周　公

百姓生存的根本，关键是种植五谷桑麻，来解决吃饭穿衣的问题。蔬菜果品的聚积，来源于果园菜圃的种植；鸡肉、猪肉等佳肴，来源于鸡窝猪圈的饲养。再推及房屋器具，柴火蜡烛，这些东西没有一样不是来源于耕种养殖。如果能守住家业，即使关起门来什么生活必需品都可以自给，要说缺少，只是没有生产食盐的盐井而已。如今北方的风俗，大都能勤俭节约，这样可以使衣食都有保障；江南的风俗奢侈浪费，在节俭方面远远不及北方。

【原文】

梁孝元世，有中书舍人，治家失度，而过严刻。妻妾遂共货刺客，伺醉而杀之。

世间名士，但务宽仁；至于饮食饷馈，僮仆减损，施惠然诺，妻子节量，狎侮宾客，侵耗乡党：此亦为家之巨蠹矣。

齐吏部侍郎房文烈，未尝嗔怒，经霖雨绝粮，遣婢籴米，因尔逃窜，三四许日，方复擒之。房徐曰："举家无食，汝何处来？"竟无捶挞。尝寄人宅，奴婢彻屋为薪略尽，闻之颦蹙，卒无一言。

【译文】

南朝梁元帝时，有一位中书舍人，治家的分寸没有把握好，过于严厉苛刻。他的妻妾最后难以忍受就一起去收买刺客，趁他酒醉时将他杀害。

当今世上的一些名人，只是一味地追求所谓的宽厚仁爱，家里的大小事，哪怕是宴请客人或馈赠物品，也被仆人随意缩减；答应别人的要求所给予的帮助，也会遭到妻妾的控制，妻妾还敢对客人戏弄侮辱，侵害邻里乡亲。这也是家中的一大弊害啊！

北齐吏部侍郎房文烈，从来没有生气发怒过。有一次因连遭大雨，家中断粮，他叫奴仆去买米，奴仆竟乘这个机会逃跑了，过了三四天，才被抓到。房文烈语气和缓地问道："一家这么多人都等你买米来，你到哪儿去了？"居然没有捶打鞭挞一下奴仆的意思。房文烈曾将房子借给一个人居住，这个人的奴仆竟然把房子拆了当柴来烧，几乎快拆光了。房文烈听到这件事，只是皱了皱眉头，最后连一句话都没说。

【原文】

裴子野有疏亲故属饥寒不能自济者，皆收养之；家素清贫，时逢水旱，二石米为薄粥，仅得遍焉，躬自同之，常无厌色。邺下有一领军，贪积已甚，家僮八百，誓满一千；朝夕每人肴膳，以十五钱为率，遇有客旅，更无以兼，后坐事伏法，籍其家产，麻鞋一屋，弊衣数库，其余财宝，不可胜言。南阳有人，为生奥博，性殊俭吝，冬至后女婿谒之，乃设一铜瓯酒，数脔獐肉；婿恨其单率，一举尽之。主人愕然，俯仰命益，如此者再。退而责其女曰："某郎好酒，故汝常贫。"及其死后，诸子争财，兄遂杀弟。

【译文】

南北朝时期的裴子野将远亲旧属中挨饿受冻而无力自救的人，全都收养起来。其实裴家也并不富有，碰到水旱灾年，用二石米熬成稀粥，每人只能分到一点。裴子野也同大家一样喝稀粥，从不流露出厌烦的神色。邺城有一位领军，贪得无厌，积累了很多家产，光仆人就有八百多人，他发誓要达到一千人。家中每人一天的伙食费的标准是十五钱，遇到来客人，也不特别招待。后来他因犯罪被判刑，在抄没登记其财产时，光是麻鞋就有一屋子，破衣服堆满了几个仓库，其他贵重的东西不可胜数。南阳有个人，经营得法，积累了不少财产，但生性特别省俭吝啬。冬至那天，女婿前来拜见他，他只摆了一小铜壶的酒，几块獐肉招待女婿。女婿对他的怠慢很不满意，一下子就将酒肉吃光，主人先是一惊，很快就勉强又叫人添酒加菜，前后添了两次。吃罢退下来时，就斥责女儿说："你丈夫贪杯好酒，怪不得你家里总是受穷。"等到他死后，几个儿子争夺财产，最终哥哥竟然杀死了弟弟。

【原文】

妇主中馈，惟事酒食衣服之礼耳，国不可使预政，家不可使干蛊。如有聪明才智，识达古今，正当辅佐君子，助其不足，必无牝鸡晨鸣，以致祸也。

江东妇女，略无交游，其婚姻之家，或十数年间，未相识者，惟以信命赠遗，致殷勤焉。邺下风俗，专以妇持门户，争讼曲直，造请逢迎。车乘填街衢，绮罗盈府寺，代子求官，为夫诉屈。此乃恒、代之遗风乎？南间贫素，皆事外饰，车乘衣服，必贵整齐；家人妻子，不免饥寒。河北人事，多由内政，绮罗金翠，不可废阙，羸马悴奴，仅充而已；倡和之礼，或尔汝之。

河北妇人，织纴组紃之事，黼黻锦绣罗绮之工，大优于江东也。

【译文】

妇人主持家务，指的只是酒食衣服等方面的礼仪而已。对于国家来说，妇人是不能参与政事的，对家庭来说，妇人也不能干预男人们的事。她们倘若具备聪明才智，博古通今，应当辅佐丈夫，弥补丈夫的不足。一定不要有"母鸡报晓"的事，以免把灾祸引入家门。

江东妇女，几乎很少与人交往，就连亲家之间，有的也十几年不亲自来往。只是派人赠送礼物，代为问候，以此表达亲情。邺城的风俗，全靠妇女当家作主，为辩曲直，诉讼公堂；请客送礼，逢迎达官。乘马车的妇女把街巷都塞满了，穿绸着缎的妇女挤满官府，或是替儿子求官，或是为丈夫鸣冤。这是恒州、代郡的北魏遗风吧？在南方，即使是穷人家，对排场也非常讲究，车马衣服，一定要整齐；家里妻儿等人衣食却放在了次要位置。北方大多数由妇女当家，绫罗绸缎，金银珠宝，都是她们不可缺少的东西，而家中马匹瘦弱不堪，奴仆面黄肌瘦，仅仅是充数而已。连夫妻之间也没有夫唱妇随之礼，相互贬低轻贱。

河北一带的妇女，纺棉织布的本领和织锦绣花的功夫要远远强于江东妇女。

【原文】

太公曰："养女太多，一费也。"陈蕃曰："盗不过五女之门。"女之为累，亦以深矣。然天生蒸民，先人传体，其如之何？世人多不举女，贼行骨肉，岂当如此，而望福于天乎？吾有疏亲，家饶妓媵，诞育将及，便遣阍竖守之。体有不安，窥窗倚户，若生女者，辄持将去；母随号泣，使人不忍闻也。

妇人之性，率宠子婿而虐儿妇。宠婿，则兄弟之怨生焉；虐妇，则姊妹之谗行焉。然则女之行留，皆得罪于其家者，母实为之。至有谚云："落索阿姑餐。"此其相报也。家之常弊，可不诫哉！

【译文】

太公说："女儿养得太多，实在是一种浪费。"汉朝陈蕃说："一家有五个女儿，盗贼都不会去他家偷窃。"可见抚养女儿实在是太拖累人了。但是女孩也是天生的众民之一，女儿也是父母的亲生骨肉，你又能拿她怎么办呢？世上的人也是多不愿意养育女儿，生了女儿就随意杀害。这样做难道还可以指望上天赐福给你吗？我有一个远亲，家里有许多姬妾，她们中有谁快要生小孩时，他就派仆人守门。临近

宠婿，则兄弟之怨生焉；虐妇，则姊妹之谗行焉。

分娩，仆人就从窗户里窥探，在门旁边等候着。如果生下来的是女儿，就立即抱走扔掉，没人敢来救援，母亲随即大声哭喊，让人不忍心再听下去。

妇女的脾气，大都是对女婿十分宠爱而对儿媳十分冷淡。宠爱女婿，就会使自己的儿子产生怨恨；虐待儿媳，就会造成姐妹们竞相讲她的坏话。儿媳不管怎么努力，都无法讨婆家人的欢心，这实际上是当婆婆的造成的。以至有句谚语讲到："婆婆吃顿饭都要受冷落。"这实在是自作自受！这是家中常有的弊病，不能不当作鉴戒啊！

【原文】

婚姻素对，靖侯成规。近世嫁娶，遂有卖女纳财，买妇输绢，比量父祖，计较锱铢，责多还少，市井无异。或猥婿在门，或傲妇擅室，贪荣求利，反招羞耻，可不慎欤！

借人典籍，皆须爱护。先有缺坏，就为补治，此亦士大夫百行之一也。济阳江禄，读书未竟，虽有急速，必待卷束整齐，然后得起，故无损败，人不厌其求假焉。或有狼籍几案，分散部帙，多为童幼婢妾之所点污，风雨虫鼠之所毁伤，实为累德。吾每读圣人之书，未尝不肃敬对之；其故纸有《五经》词义，及贤达姓名，不敢秽用也。

吾家巫觋祷请，绝于言议；符书章醮，亦无祈焉，并汝曹所见也。勿为妖妄之费。

【译文】

婚姻嫁娶找配偶时要找清白的，这是先祖靖侯立下的规矩。近来婚姻嫁娶，就有将女儿嫁出去而获得钱财，用彩礼买媳妇。还有斤斤计较对方家世，讨价还价，与市场交易一样。有的人将女儿嫁给猥琐的女婿；有的人娶了骄横的媳妇，为贪图虚荣，谋取财物，反而招来羞耻，这不能不慎重啊！

从别人那里借来的书籍，都应该加以爱护。如果借来的书本来就有破损，就应该先加以修补，这也是士大夫应该做的百事中的一件。济阳有个叫张禄的人，如果书还没有读完，即使突然遇到急事，也一定要先把书整理好，然后才起身。所以他看过的书都完好无损，别人也乐意把书借给他。有的人将借来的书乱七八糟地堆在书桌上，书和书套四处散落，常被小孩、侍妾、婢女弄脏，被风雨虫鼠毁坏。这实在是一件不道德的事情。我读圣人的书籍，从来都是恭恭敬敬。就是一些旧纸，如果纸片上有五经词句和圣贤名人的姓名，也不敢胡乱地拿去使用。

我们家对请那些男巫女巫招神弄鬼的事，从来不会考虑的；也不请道士设坛醮祭，求符驱鬼。这些都是你们所亲眼看到的。以后你们也不要把钱花在这些装神弄鬼的虚妄的事情上。

风　操

【原文】

吾观《礼经》，圣人之教，箕帚匕箸，咳唾唯诺，执烛沃盥，皆有节文，亦为至矣。但既残缺，非复全书；其有所不载，及世事变改者，学达君子，自为节度，相承行之，故世号士大夫风操。而家门颇有不同，所见互称长短；然其阡陌，亦自可知。昔在江南，目能视而见之，耳能听而闻之；蓬生麻中，不劳翰墨。汝曹生于戎马之间，视听之所不晓，故聊记录，以传示子孙。

【译文】

我看《礼经》上讲的都是圣人的教诲：在长辈面前如何使用簸箕扫帚，如何使用勺筷，咳嗽、吐痰应当注意什么，如何持烛照明、端盆送水侍奉长辈洗手等等，所有这些礼节，在书中都有明确的规定，说得已经十分完备了。只是《礼经》本身就已经残缺，不十分完整了；其中没有记载的内容，以及随着世事的变迁而改变的地方，博学通达之士便自己去权衡度量，沿袭施行，所以世人称之为士大夫风度节操。而各个家庭所规定的风度也略有不同，对这些礼仪的看法也各有长短。不过大体的门径总是可以看得出的。从前在江南的时候，这些风度节操能亲眼见到，亲耳听到；就像蓬草生长在大麻中，不用依靠绳墨也能长得很直。你们生于兵荒马乱的年代，没能受到耳濡目染，所以我姑且将这些风度节操记录下来，流传给子孙后代。

【原文】

《礼》曰："见似目瞿，闻名心瞿。"有所感触，恻怆心眼；若在从容平常之地，幸须申其情耳。必不可避，亦当忍之；犹如伯叔兄弟，酷类先人，可得终身肠断，与之绝耶？又："临文不讳，庙中不讳，君所无私讳。"益知闻名，须有消息，不必期于颠沛而走也。梁世谢举，甚有声誉，闻讳必哭，为世所讥。又有臧逢世，臧严之子也，笃学修行，不坠门风；孝元经牧江州，遣往建昌督事，郡县民庶，竞修笺书，朝夕辐辏，几案盈积，书有称"严寒"者，必对之流涕，不省取记，多废公事，物情怨骇，竟以不办而还。此并过事也。

近在扬都，有一士人讳审，而与沈氏交结周厚，沈与其书，名而不姓，此非人情也。凡避讳者，皆须得其同训以代换之：桓公名白，博有五皓之称；厉王名长，琴有修短之目。不闻谓布帛为布皓，呼肾肠为肾修也。梁武小名阿练，子孙皆呼练为绢；乃谓销炼物为销绢物。恐乖其义。或有讳云者，呼纷纭为纷烟；有讳桐者，呼梧桐树为白铁树，便似戏笑耳。

【译文】

《礼记·杂记》上说："见到与亡父、亡母长得十分相像的人，听到与亡父、亡母相同的名字，心里就很不安。"这是因为心中有所感触，自然心中感动；如果是在一般的情况下，在平常的地方，当然必须把这种思念之情宣泄流露出来。如果无法回避，就应该把这种情感克制住。比如叔伯、兄弟与父亲长得极为相像，难道可以因为见了面总是悲伤而与他们断绝交往吗？《礼记·曲礼》上说："读文章时不避父讳；在宗庙中祭祀祖先时不避父祖之讳；臣子在君王面前说话时不避私家之讳。"因而，当听见与父母名字相同的字眼时，首先应该对此加以斟酌考虑，不必都要求急于回避。梁朝有个叫谢举的人，声望很高，他每次听到父母的名字，就大哭一场，因而遭到世人的讥讽嘲笑。还有一个叫臧逢世的人，是臧严的儿子，他学问品行都好，无愧于臧家的门第。梁元帝负责管理江州时，派他前往建昌县督察公事。郡县的民众争着向他上书汇报，日夜不停，桌子上堆满了公文簿。他一看见文书中提到"严寒"二字，就痛哭流涕，连文件里讲的是什么也弄不清了，这样影响了公事。群众很有意见，竟因此而被撤职了。这些做法都太过分了。

近几年在扬州地区，我见到一位读书人取名“审”，他与一位姓“沈”的人交情深厚，姓沈的人给他写信，只署名字，不署姓氏。这就不太合乎人情了。大凡必须避讳的字，都应该用词义相近的字来替代。齐桓公名叫小白，所以博戏中的“五白”变成了“五皓”；汉代淮南厉王名叫长，琴原来称作长短，为了避讳，改说成修短。但没有听说为了避讳“布帛”说成“布皓”，将“肾肠”说成“肾修”。梁武帝小名叫阿练，他的子孙为了避讳，将“练”说成“绢”。于是将“销炼”东西说成“销绢”东西，这恐怕就不十分妥当了。甚至有人为了避讳“云”字，将“纷纭”说成“纷烟”；为了避讳“桐”字，将“梧桐”说成“白铁树”，这就几乎和开玩笑差不多了。

【原文】

周公名子曰禽，孔子名儿曰鲤，止在其身，自可无禁。至若卫侯、魏公子、楚太子，皆名虮虱；长卿名犬子，王修名狗子，上有连及，理未为通，古之所行，今之所笑也。北土多有名儿为驴驹、豚子者，使其自称及兄弟所名，亦何忍哉？前汉有尹翁归，后汉有郑翁归，梁家亦有孔翁归，又有顾翁宠；晋代有许思妣、孟少孤，如此名字，幸当避之。今人避讳，更急于古。凡名子者，当为孙地。吾亲识中有讳襄、讳友、讳同、讳清、讳和、讳禹，交疏造次，一座百犯，闻者辛苦，无憀赖焉。昔司马长卿慕蔺相如，故名相如，顾元叹慕蔡邕，故名雍，而后汉有朱伥字孙卿，许暹字颜回，梁世有庾晏婴、祖孙登，连古人姓为名字，亦鄙事也。

【译文】

周公给儿子取名叫禽，孔子给儿子取名叫鲤，这些名字只与被命名的人本身有关，自然没有什么不可以。至于像卫侯、魏公子、楚太子都取名叫虱；司马相如又叫犬子，王修名叫狗子，这种名字就牵连到他们的父辈，所以在情理上有所不通了。古人的这种命名方法，现在的人觉得十分可笑。北方人常给儿子取驴驹、猪子之类的名字。儿子大后，自己称呼自己或兄弟称呼他的时候，该怎么受得了呢？前汉有人叫尹翁归，后汉有人叫郑翁归，梁朝也有人叫孔翁归，又有人叫顾翁宠；晋代有人叫许思妣、孟少孤，这类名字都是应当避免的。现代人的避讳，比古代人还要讲究。为儿子取名字时，要为儿孙着想。我的亲友中有的避讳“襄”，有的避讳“友”，有的避讳“同”，有的避讳“清”，有的避讳“和”，有的避讳“禹”，与他们交往疏远的人稍不留心，就很容易犯忌讳，以至一次座上屡屡有人冒犯，听到的晚辈感到麻烦和痛苦，而且无所适从。从前有个叫司马长卿的人，很钦慕蔺相如，所以就将名字改为相如；顾元叹钦慕蔡邕，所以改名为雍。后汉的朱伥子字孙卿，许暹字颜回，梁代有人叫庾晏婴，祖孙登，这些人把古人的姓也用到自己的名和字中，这种做法也是很庸俗浅薄的。

【原文】

昔刘文饶不忍骂奴为畜产，今世愚人遂以相戏，或有指名为豚犊者；有识傍观，犹欲掩耳，况当之者乎？

近在议曹，共平章百官秩禄，有一显贵，当世名臣，意嫌所议过厚。齐朝有一两士族文学之人，谓此贵曰：“今日天下大同，须为百代典式，岂得尚作关中旧意？明公定是陶朱公大儿耳！”彼此欢笑，不以为嫌。

【译文】

从前有个叫刘文饶的人，不忍心用畜牲一类的字眼来骂奴仆，而当今有些愚蠢的人，相互开玩笑时就用畜牲这类词，有的人用猪儿、牛犊称呼别人。有见识的旁观者尚且捂着耳朵不忍心听，何况被戏弄的人呢？

最近一些天来我在议曹和众人一起讨论百官俸禄的事，有一位大官，是当代的名臣，他对讨论中的百官俸禄过高表示不满。齐朝有一二位士族文学，对这位显贵说：“现在天下统一了，天下大同，我们应该为后世树立一个典范，不能还用过去的老观念来衡量，你一定是陶朱公的大儿子吧？”说罢彼此大笑，都对这种戏谑不嫌忌。

【原文】

昔侯霸之子孙，称其祖父曰家公；陈思王称其父为家父，母为家母；潘尼称其祖曰家祖；古人之所行，今人之所笑也。今南北风俗，言其祖及二亲，无云家者；田里猥人，方有此言耳。凡与人言，言己世父，以次第称之，不云家者，以尊于父，不敢家也。凡言姑姊妹女子子：已嫁，则以夫氏称之；在室，则以次第称之。言礼成他族不得云家也。子孙不得称家者，轻略之也。蔡邕书集，呼其姑姊为家姑家姊；班固书集，亦云家孙：今并不行也。

凡与人言，称彼祖父母、世父母、父母及长姑，皆加尊字，自叔父母已下，则加贤字，尊卑之差也。王羲之书，称彼之母与自称己母同，不云尊字，今所非也。

【译文】

过去，侯霸的子孙，把自己的祖父称为家公；陈思王曹植把自己的父亲称为家父，把自己的母亲称为家母；潘尼把他的祖父称为家祖。古人的这种称呼法，今人会认为是可笑的。如今南北的风俗，却没有把祖父和父母称为家祖家父家母的；只有那些下里巴人才这么称呼。一般说来，在与别人谈话，说到自己的伯父的时候，应该按长幼顺序称呼，不冠以“家”的原因，是因为伯父比父亲年长，不敢称家某某。凡是称呼姑姑的女儿，已出嫁的就以她丈夫的姓氏称呼；未出嫁的就用长幼排行顺序来称呼。提到别的家族中的亲戚，也不能称家某某。称呼子孙不能称家某，那样显得对他们过于轻慢。蔡邕在文集中，称他的姑姑、姐姐为家姑、家姐；班固在文集中称他的孙子为家孙。这种称呼现在已经过时不用了。

班固　(32 – 92) 东汉史学家。字孟坚，扶风安陵（今陕西咸阳）人 。

一般来说，在与人谈话时，称呼对方的祖父、祖母、伯父、伯母、父母以及姑姑，都要加个“尊”字；叔父、叔母以下的辈分，就加个“贤”字。这样显示出尊卑的差别。王羲之在文章中，称呼别人的母亲和称呼自己的母亲相同，不加“尊”字，现在认为，这种做法是非常不礼貌的。

【原文】

南人冬至岁首，不诣丧家；若不修书，则过节束带以申慰。北人至岁之日，重行吊礼；礼无明文，则吾不取。南人宾至不迎，相见捧手而不揖，送客下席而已；北人迎送并至门，相见则揖，皆古之道也，吾善其迎揖。

昔者，王侯自称孤、寡、不谷。自兹以降，虽孔子圣师，与门人言皆称名也。后虽有臣、仆之称，行者盖亦寡焉。江南轻重，各有谓号，具诸《书仪》；北人多称名者，乃古之遗风，吾善其称名焉。

【译文】

南方人在冬至、年初的时候，是不会亲自到办丧事的人家吊唁的，只是写封信表示慰问；如果不写信，就等过了冬至、年初，穿着礼服前去吊唁。北方人在冬至和年初的时候，则对吊唁之礼十分重视，《礼》上对这种做法没有明文规定，因而我觉得不可取。当有客人来到时，南方人不到门外迎接，见面只拱手而不行礼作揖，送客时只离开座位并不送到门口。而北方人却都走到门外，宾主相见行礼作揖。这些做法都符合古时礼节，应是我所欣赏的。

从前的帝王、诸侯以孤、寡或不谷等自称。王侯以下的人，即使是孔子这样的大圣人，与他们的门徒谈话时也直呼自己的名字。后来有人自称为臣仆，但这样做的人也不是太多的。江南人不论官位高低，都有与他相称的自称称号，这些称号在《书仪》中都有记载。北方人大多以名自称，这是古代遗留下来的风尚。这种自称名字的做法也是我所欣赏的。

【原文】

言及先人，理当感慕，古者之所易，今人之所难。江南人事不获已，须言阀阅，必以文翰，罕有面论者。北人无何便尔话说，及相访问。如此之事，不可加于人也。人加诸己，则当避之。名位未高，如为勋贵所逼，隐忍方便，速报取了；勿使烦重，感辱祖父。若没，言须及者，则敛容肃坐，称大门中，世父、叔父则称从兄弟门中，兄弟则称亡者子某门中，各以其尊卑轻重为容色之节，皆变于常。若与君言，虽变于色，犹云亡祖亡伯亡叔也。吾见名士，亦有呼其亡兄弟为兄子弟子门中者，亦未为安贴也。北土风俗，都不行此。太山羊偘，梁初入南；吾近至邺，其兄子肃访偘委曲，吾答之云："卿从门中在梁，如此如此。"肃曰："是我亲第七亡叔。非从也。"祖孝徵在坐，先知江南风俗，乃谓之云："贤从弟门中，何故不解？"

【译文】

每当说到已故长辈的名字时，按理应当产生悲伤之情。对古人来说，这是非常容易的事，现在的人却觉得很难。不到不得已的时候，江南地区的人是不谈论家世的，如果不得不讲家世祖先的事，就用书面表达，很少当面谈论。北方人经常很随便地谈论家世，互相询问。这种事各人有各人的习惯，不必强加于人。如果别人强加于自己，就应当设法予以回避。如果自己的官职不高，被有权势的人所迫而回避不了，那就要沉着气随机应变，作一些简单的回答，草草了结，不要让谈话反反复复，使祖先受到侮辱。如果父亲已经去世，在提到他的时候，要表情严肃，坐得端端正正，称亡父为大门中；提到去世的伯父、叔父，就称他们为从兄弟门中；提到去世的兄弟，就称死者儿子某某门中。根据他们地位的尊卑、身份的高低来调节面容改变程度，总之表情要与平时不同。如果与君主谈起自己已故的长辈，虽然也要流露出悲痛的神情，但还是称他们为亡祖、亡伯、亡叔。我见过一些名士，也有称呼自己去世的兄弟为兄子、弟子门中，这也不是特别恰当的。北方的风俗，都不这样称呼。泰山有个叫羊偘的人，在梁朝初年归顺南朝。我最近到邺城去，他的侄子羊肃前来询问羊偘的情况，我回答说："你的从兄弟门中在梁朝的情况如何如何。"羊肃说："他是我的亲七叔，不是堂叔。"当时祖孝徵在座，他对南方的风俗比较了解，就对羊肃说："说你从兄弟门中，就是指你去世的叔叔，你怎么不知道呢？"

【原文】

古人皆呼伯父叔父，而今世多单呼伯叔。从父兄弟姊妹已孤，而对其前，呼其母为伯叔母，此不可避者也。兄弟之子已孤，与他人言，对孤者前，呼为兄子弟子，颇为不忍；北土人多呼为侄。案：《尔雅》、《丧服经》、《左传》，侄虽名通男女，并是对姑之称，晋世以来，始呼叔侄；今呼为侄，于理为胜也。

别易会难，古人所重；江南饯送，下泣言离。有王子侯，梁武帝弟，出为东郡，与武帝别。帝曰："我年已老，与汝分张，甚以恻怆。"数行泪下。侯遂密云，赧然而出。坐此被责，飘摇舟渚，一百许日，卒不得去。北间风俗，不屑此事，歧路言离，欢笑分首。然人性自有少涕泪者，肠虽欲绝，目犹烂然；如此之人，不可强责。

【译文】

梁武帝萧衍

古代的人都称呼伯父、叔父，现在的人大多单称伯、叔。如果伯父、叔父的子女丧父后，那么在他们面前说话的时候，称他们的母亲为伯母、叔母，这是无法回避的。如果兄弟们去世了，当着兄弟子女的面，与别人谈话时，直呼他们为兄子、弟子，是不忍心的，北方人大多称呼作“侄”。据考证：在《尔雅》、《丧服经》、《左传》等书中，“侄”的称呼虽说男女都通用，但都是相对于姑姑而言的。西晋刘宋以来，才开始有叔侄的称呼，现在把兄子弟子称为“侄”，从情理上来说，也是比较恰当的。

离别容易，再见面就困难了，所以古人十分重视离别之情。江南人饯行时，谈到分离就掉眼泪。梁朝有位亲王已经被封侯，他还是梁武帝的弟弟。他在出使东方郡县之前，与梁武帝告别。梁武帝说：“我已经老了，和你分离，真是很伤心。”说罢，禁不住眼泪都流出来了。亲王虽然表情沉重，却哭不出来，面带愧色地离开了皇宫。他因此受到指责，在渡口往返徘徊了一百多天，最终还是没有离开。北方的风俗却不屑于离别的凄切，送别时，总是欢笑地分别的。有的人天生不爱流泪，即使悲痛得肝肠寸断，两眼依然亮闪闪的，对这样的人，我们既不能勉强，也不能责备他。

【原文】

凡亲属名称，皆须粉墨，不可滥也。无风教者，其父已孤，呼外祖父母与祖父母同，使人为其不喜闻也。虽质于面，皆当加外以别之。父母之世叔父，皆当加其次第以别之；父母之世叔母，皆当加其姓以别之；父母之群从世叔父母及从祖父母，皆当加其爵位若姓以别之。河北士人，皆呼外祖父母为家公家母，江南田里间亦言之。以家代外，非吾所识。

同宗亲属的世系，有从父，有从祖，有族祖。江南风俗，自兹已往，高秩者，通呼为尊，同昭穆者，虽百世犹称兄弟；若对他人称之，皆云族人。河北士人，虽三二十世，犹呼为从伯从叔。梁武帝尝问一中土人曰：“卿北人，何故不知有族？”答云：“骨肉易疏，不忍言族耳。”当时虽为敏对，于礼未通。

【译文】

一般来说，称呼亲戚，都应用不同词语加以分别，不可随便称呼。没有风操教育的人，在祖父祖母去世后，称呼外祖父、外祖母，与称呼祖父、祖母相同，这让听的人很不舒服。即使是当面称呼，也应当加个“外”字来区别。称呼父母的伯父、叔父，都应当加上他们的长幼顺序来区别；称呼父母的伯母、叔母，都应当加上她们的姓氏来区别；称呼父母的堂伯父、堂伯母、堂祖父、堂祖母，都应当加上他们的爵位或者姓氏来区别。河北一带的士人都称呼外祖父、外祖母为家公、家母；江南乡间百姓也有这样称呼的。为什么用“家”来代替“外”？其中的缘故我就不清楚了。

同宗亲属的世系辈分，有伯父、叔父、堂祖父以及族祖较远的宗亲。江南的风俗，从这开始延伸，辈分高、有官品的人，应该在称呼上加“尊”字；同一祖宗的后人，即使已经过了百代，对于同辈的人，也称做兄弟，而对外人说的时候，都说是“族人”。河北的士人，即使隔了二三十代，仍然称做堂伯、堂叔。梁武帝问一个中原士人说：“你是北方人，怎么不知道‘族人’这种称呼？”士人回答说：“同宗骨肉之间的关系容易疏远，所以不忍心用族人这个称呼。”当时他的回答虽说很机敏，在礼节上却是讲不通的。

【原文】

吾尝问周弘让曰：“父母中外姊妹，何以称之？”周曰：“亦呼为丈人。”自古未见丈人之称施于妇人也。吾亲表所行，若父属者，为某姓姑；母属者，为某姓姨。中外丈人之妇，猥俗呼为丈母，士大夫谓之王母、谢母云。而《陆机集》有《与长沙顾母书》，乃其从叔母也，今所不行。

齐朝士子，皆呼祖仆射为祖公，全不嫌有所涉也，乃有对面以相戏者。

【译文】

我曾经问周弘让：“父母的表姐妹应该怎么称呼？”周弘让回答说：“把她们称作丈人。”自古以来还没见过用“丈人”来称呼女人的。我是这样称呼我的姑表亲的：如果是父亲的姐妹，就称她为某姓姑，如果是母亲姐妹，就称她为某姓姨。自己家和外家丈人的妻子，在乡下称作丈母；而士大夫则以王母、谢母来称呼。《陆机集》中有《与长沙顾母书》一文，这个顾母，是陆机的堂叔母，这种称呼在现在已经不通行了。

齐朝的那些士人们，都把仆射祖珽称为祖父，一点都不忌讳这样的称呼会牵扯到对自家祖父的称呼，甚至还有当着祖珽的面相互取笑的。

【原文】

古者，名以正体，字以表德，名终则讳之，字乃可以为孙氏。孔子弟子记事者，皆称仲尼；吕后微时，尝字高祖为季；至汉爰种，字其叔父曰丝；王丹与侯霸子语，字霸为君房；江南至今不讳字也。河北士人全不辨之，名亦呼为字，字固呼为字。尚书王元景兄弟，皆号名人，其父名云，字罗汉，一皆讳之，其余不足怪也。

《礼·间传》云："斩缞之哭，若往而不反；齐缞之哭，若往而反；大功之哭，三曲而偯；小功缌麻，哀容可也，此哀之发于声音也。"《孝经》云："哭不偯。"皆论哭有轻重质文之声也。礼以哭有言者为号，然则哭亦有辞也。江南丧哭，时有哀诉之言耳；山东重丧，则惟呼苍天，期功以下，则惟呼痛深，便是号而不哭。

【译文】

古时候人的名字，名用来表明身份，字则用来表示德行。人去世后，要避讳他的名，字却可以作为孙子的氏。例如孔子的弟子在记录孔子的言行时，都称他为仲尼；吕后贫贱的时候，曾经以汉高祖刘邦的字称呼他为季；到汉代的爰种，叫他叔叔的字为丝；王丹与侯霸的儿子说话时，也直接用侯霸的字君房来称呼；江南至今不避讳先人的字。河北的士大夫们对名和字完全不加区别，名也称做字，字也叫做名。尚书王元景兄弟俩，都被称作是名人，他俩的父亲名云，字罗汉，他俩对父亲的名和字全都加以避讳，其余人的各种各样的避讳，就不足为怪了。

《礼记·间传》说："披戴斩缞孝服的人，一声痛哭便至气竭，仿佛再回不过气来似的；披戴齐缞孝服的人，悲声阵阵连续不断；披戴大功孝服的人，哭起来要一声三折，余音犹存；披戴小功、缌麻孝服的人，脸上显出哀痛的表情也就可以了。这些就是哀痛之情通过声音表现出来的不同情况。"《孝经》上说："孝子痛哭父母的哭声，气竭而后止，哭声不会带有余音。"这些话都论说哭声有轻微、沉重、质朴、和缓等种种不同。按礼俗以哭时带有话语者叫做号，如此则哭泣也可带有言辞了。江南地区在丧事哭泣时，经常杂有哀诉的话语；从前山东一带在披戴斩缞孝服的丧事中，哭泣时，只知喊天呼地，在披戴齐缞、大功、小功以下丧服的丧事中哭泣时，则只是倾诉自己悲痛多么深重，这就是号而不哭。

【原文】

江南凡遭重丧，若相知者，同在城邑，三日不吊则绝之；除丧，虽相遇则避之。怨其不己悯也。有故及道遥者，致书可也；无书亦如之。北俗则不尔。江南凡吊者，主人之外，不识者不执手；识轻服而不识主人，则不于会所而吊，他日修名诣其家。

阴阳说云："辰为水墓，又为土墓，故不得哭。"王充《论衡》云："辰日不哭，哭则重丧。"今无教者，辰日有丧，不问轻重，举家清谧，不敢发声，以辞吊客。道书又曰："晦歌朔哭，皆当有罪，天夺其算。丧家朔望，哀感弥深，宁当惜寿，又不哭也？亦不谕。

【译文】

江南地区，一般遇到大的丧事，如果是相互了解的知心朋友，且又在同一城镇居住，假如三天之内不去吊唁，丧家就与他断绝交往；丧期过后，即使在路上迎面相见，也会避开他，这是怨恨他们不怜恤自己。如果是在外地的，或另有原因的不能前来吊唁的，写封信安慰也可以。如果不写信，也照样与他们断绝来往。北方的风俗却不是这样。江南凡是来吊唁的人，除了丧主之外，不会与不相识的人握手的；认识丧家的远亲而不认识丧主，就不必到现场吊丧，过几天，准备了名帖，再到丧家表示慰问就行了。

阴阳家认为："辰日是水墓，又是土墓，因此辰日是不能哭丧的。"王充的《论衡·辨崇》中说到："辰日不应该哭丧，要是哭丧就会再死人。"现在一些不明白的人，辰日遇到丧事，就不分轻丧还是重丧，全家静悄悄的，不敢发出哭声，还以此为理由去谢绝前来吊丧的客人。道家认为："晦日唱歌，朔日哭泣，都是有罪的，上天会减损他们寿命的。”如果有人在辰日遇到丧事，心中悲痛万分，难道只是因为怕自己被减寿，就不敢哭丧了吗？这让人很不理解。

【原文】

偏傍之书，死有归杀。子孙逃窜，莫肯在家；画瓦书符，作诸厌胜；丧出之日，门前然火，户外列灰，祓送家鬼，章断注连；凡如此比，不近有情，乃儒雅之罪人，弹议所当加也。

已孤，而履岁及长至之节，无父，拜母、祖父母、世叔父母、姑、兄、姊，则皆泣；无母，拜父、外祖父母、舅、姨、兄、姊，亦如之：此人情也。

江左朝臣，子孙初释服，朝见二宫，皆当泣涕；二宫为之改容。颇有肤色充泽，无哀感者，梁武薄其为人，多被抑退。裴政出服，问讯武帝，贬瘦枯槁，涕泗滂沱，武帝目送之曰：“裴之礼不死也。”

【译文】

旁门左道之类的书籍，说人死后鬼魂会在某一天回到家中。在这一天丧家的子孙们都逃避在外，谁也不肯留在家中；还画符书用各种方法来镇压先人的鬼魂。出殡的那一天，丧家就在门前烧火，将草灰撒在庭院里，将鬼魂送走，写奏章给上天断绝家人和“鬼”的关系。诸如此类的做法，都是不尽情理的，这么做看起来很儒雅，实为罪人，应该受到指责批评的。

父亲或母亲去世之后，每到元旦和冬至的时候，假如没有父亲的，就要拜见母亲、祖父母、世叔父母、姑母、兄长、姐姐，同时还要哭泣；假如没有母亲，就要拜见父亲、外祖父母、舅舅、姨母、兄长、姐姐，也要哭泣，这些都是人之常情啊。

梁朝的大臣去世后，他们的子孙除去丧服，上朝拜见皇帝和太子的时候，必须哭泣流泪；皇帝和太子会因感动而改变脸色。但也有一些肤色面容很丰润饱满的人，完全没有守丧期间很悲痛的样子，梁武帝便看不起他们的为人，这些人大多被斥退。裴政脱去丧服，行僧礼朝见梁武帝的时候，身体瘦弱，形体枯槁，哭泣也不能自止，涕泪横流，梁武帝目送着他出去，说：“裴之礼没有死啊！”

【原文】

二亲既殁，所居斋寝，子与妇弗忍入焉。北朝顿丘李构，母刘氏夫人亡后，所住之堂，终身锁闭，弗忍开入也。夫人，宋广州刺史纂之孙女，故构犹染江南风教，其父奖，为扬州刺史，镇寿春，遇害。构尝与王松年、祖孝徵数人同集谈宴。孝徵善画，遇有纸笔，图写为人。顷之，因割鹿尾，戏截画人以示构，而无他意，构怆然动色，便起就马而去。举坐惊骇，莫测其情。祖君寻悟，方深反侧，当时罕有能感此者。吴郡陆襄，父闲被刑，襄终身布衣蔬饭，虽姜菜有切割，皆不忍食；居家惟以掐摘供厨。江宁姚子笃，母以烧死，终身不忍啖炙。豫章熊康父以醉而为奴所杀，终身不复尝酒。然礼缘人情，恩由义断，亲以噎死，亦当不可绝食也。

【译文】

父亲和母亲都去世后，父母生前斋戒时住的房屋，儿子与媳妇都不忍心进去。北朝顿丘郡的李构，在他的母亲刘太夫人去世后，就把母亲所住的堂屋一直紧锁着，不忍心开门进屋。刘氏是刘宋时代广州刺史刘纂的孙女，所以李构是受了江南风俗的影响。李构的父亲李奖，是扬州刺史，他在镇守寿春时遇害。李构曾经与王松年、祖孝徵等人在一起宴饮闲谈。祖孝徵擅长画画，正巧有纸笔，就画了几个人像。过了一会儿，他因为割取宴席上的鹿尾就开玩笑地把人像斩断给李构看，他本没有别的意思，只是顺手割断而已。李构看后却非常悲伤，脸的颜色都变了，起身跃马而去。在座的人都很惊讶，不知道这是怎么回事，祖孝徵过了一会才醒悟过来，感到十分惶恐不安，当时很少有人对这样的事那么敏感。吴郡的陆襄，父亲陆闲被斩首，陆襄终身穿布衣吃蔬菜，而且蔬菜也不切不割，烧菜时，只是用手将菜拉断掐断，即使是姜菜，只要被刀切过，都不忍心食用。江宁的姚子笃，母亲是被大火烧死的，他因此终身不忍心吃烤肉。豫章郡的熊康，父亲因酒醉而被奴仆杀害，他因此终身不再喝酒。然而礼节是由人情而制定的，报答恩德也要依据教义，如果父母是被噎死的，也该不致因此而不再吃东西了吧。

【原文】

《礼经》：父之遗书，母之杯圈，感其手口之泽，不忍读用。政为常所讲习，雠校缮写，及偏加服用，有迹可思者耳。若寻常坟典，为生什物，安可悉废之乎？既不读用，无容散逸，惟当缄保，以留后世耳。

思鲁等第四舅母，亲吴郡张建女也，有第五妹，三岁丧母。灵床上屏风，平生旧物，屋漏沾湿，出曝晒之，女子一见，伏床流涕。家人怪其不起，乃往抱持；荐席淹渍，精神伤怛，不能饮食。将以问医，医诊脉云？“肠断矣！”因尔便吐血，数日而亡。中外怜之，莫不悲叹。

【译文】

《礼经》上说：父亲遗留下来的书籍，母亲使用过的杯子，因为经过父母的手口，有着留存的气息，所以儿子不忍心阅读和使用。要是这些书籍正好是亡父经常研读的，或是亲手誊写校对过的，或是特别常用的，书上留有他们使用过的痕迹，所以会触发思念之情。如果只是一般的书籍，以及一些生活必需品，怎么能全部不用呢？既然不用，又不允许随意散失，那么只有封存起来，留给后世了。

颜思鲁的四舅母，是吴郡张建的亲生女儿，她有个五妹，三岁时母亲就去世了。灵床上摆设的屏风，是母亲生前用过的旧物。有一次房屋漏雨，把屏风给淋湿了，家里人把它拿出去晒，五妹一见到屏风，对母亲的思念油然而生，就伏在灵床上痛哭流涕。过了很长时间，家里人还不见她站起来，觉得奇怪，就过去扶她，只见灵床已经被泪水浸透了。她的神气也极其沮丧，不思饮食，家里人让大夫给她看病，大夫诊脉以后说：“她悲伤过度，肠子已都断了！”她从此吐血不止，没几天就死了。亲戚都很可怜她，没有一个不悲伤感叹的。

【原文】

《礼》云：“忌日不乐。”正以感慕罔极，恻怆无聊，故不接外宾，不理众务耳。必能悲惨自居，何限于深藏也？世人或端坐奥室，不妨言笑，盛营甘美，厚供斋食；迫有急卒，密戚至交，尽无相见之理：盖不知礼意乎。

【译文】

《礼记》上说："忌日不宴饮作乐。"正是因为有说不尽的感伤和思慕，悲痛哀伤，郁闷不乐，所以忌日不接待宾客，也不处理日常事务。如果确能做到悲伤自处，又何必把自己深藏起来呢？世上有的人虽然端坐于深宅之中，却并不妨碍他谈天说笑，还精心准备了美味佳肴，斋食非常丰盛。可是一旦有急事仓促发生，或有至亲好友到来，却全都没有出来相见的理由：这似乎是不懂礼节吧！

【原文】

魏世王修，母以社日亡；来岁社日，修感念哀甚，邻里闻之，为之罢社。今二亲丧亡，偶值伏腊分至之节，及月小晦后，忌之外，所经此日，犹应感慕，异于余辰，不预饮宴、闻声乐及行游也。

刘绍、缓、绥，兄弟并为名器，其父名昭，一生不为照字，惟依《尔雅》火旁作召耳。然凡文与正讳相犯，当自可避；其有同音异字，不可悉然。刘字之下，即有昭音。吕尚之儿，如不为上；赵壹之子，傥不作一：便是下笔即妨，是书皆触也。

【译文】

三国魏时期，王修的母亲在社日这天去世，到以后每年这一天，王修感念母亲的恩德，总是非常悲伤，邻里乡亲听说了这件事，就停止了社日的活动。如果父母去世的忌日，正逢伏日、腊日、春分、秋分、冬至、夏至，以及"月小晦后"，人们应遵守一般的忌讳规矩外，在这些日子里，也应当追思亡父、亡母，不同于平常日子，不参加宴饮，不听音乐，不出门游玩。

刘縚、刘缓、刘绥兄弟三个都是名人，他们的父亲叫刘昭，因而，他们一生不谈、不写"照"字，只是遵从《尔雅》，将"昭"写作"炤"。然而，凡是文字正好与人名相同而犯了避讳，自然应当回避，如果是同音字，就不可以全都回避了。"刘"字下半部就与"昭"字同音。吕尚的儿子，如果不能读写"上"字，赵壹的儿子如果不能读写"一"字，那真是一下笔就有妨碍，只要一写字就会触犯忌讳了。

【原文】

尝有甲设宴席，请乙为宾，而旦于公庭见乙之子，问之曰："尊侯早晚顾宅？"乙子称其父已往，时以为笑。如此比例，触类慎之，不可陷于轻脱。

江南风俗，儿生一期，为制新衣，盥浴装饰，男则用弓矢纸笔，女则刀尺针缕，并加饮食之物，及珍宝服玩，置之儿前，观其发意所取，以验贪廉愚智，名之为试儿。亲表聚集，致宴享焉。自兹已后，二亲若在，每至此日，尝有酒食之事耳，无教之徒，虽已孤露，其日皆为供顿，酣畅声乐，不知有所感伤。梁孝元年少之时，每八月六日载诞之辰，常设斋讲；自阮修容薨殁之后，此事亦绝。

【译文】

曾经有某甲摆下了酒宴，准备请某乙来做客，在早上的时候，甲在公庭遇到某乙的儿子，就问他说："令尊大人什么时候可以光临寒舍？"这个儿子却回答说他父亲已经去了，当时被传为笑话。像这类的事情，凡碰上后就该慎重对待它，千万不能轻佻、草率。

江南的风俗，在小孩生下来满一周岁的时候，要给孩子做新衣，洗澡并装饰起来。如果是男孩，就将弓箭、纸笔摆在他面前；如果是女孩，就将刀尺、针线摆在她面前。此外，再摆上食物、珠宝、古玩，看看孩子抓取哪一样东西，用这来预测这孩子将来是聪明还是愚笨，是贪婪还是廉洁，这就叫做"试儿"。这一天，亲朋好友都来聚会，主人设宴招待他们。从这以后，如果双亲都还健在，每到这一天，就要置办酒席来宴请宾客。可是无知的人，双亲去世后，每到这一天，还依然摆设酒食，尽兴饮酒，纵情声乐，而不知道应该有所感伤。过去梁朝孝元帝，年少的时候，每逢八月六日生日这一天，总要吃斋念佛，举办宣讲佛法的集会。自从太后阮修容过世后，这件事也就停止了。

【原文】

人有忧疾，则呼天地父母，自古而然。今世讳避，触途急切。而江东士庶，痛则称祢。祢是父之庙号，父在无容称庙，父殁何容辄呼？《苍颉篇》有倄字，《训诂》云：“痛而謼也，音羽罪反。”今北人痛则呼之。《声类》音于耒反，今南人痛或呼之。此二音随其乡俗，并可行也。

梁世被系劾者，子孙弟侄，皆诣阙三日，露跣陈谢；子孙有官，自陈解职。子则草屩粗衣，蓬头垢面，周章道路，要候执事，叩头流血，申诉冤枉。若配徒隶，诸子并立草庵于所署门，不敢宁宅，动经旬日，官司驱遣，然后始退。江南诸宪司弹人事，事虽不重，而以教义见辱者，或被轻系而身死狱户者，皆为怨仇，子孙三世不交通矣。到洽为御史中丞，初欲弹刘孝绰，其兄溉先与刘善，苦谏不得，乃诣刘涕泣告别而去。

【译文】

人如果忧愁痛苦或疾病缠身，就呼叫天地父母，从古到今都是这个样子的。不过如今的人很避讳这样，认为这样呼叫冒犯了天地父母。江东的士大夫和平民患病疼痛时，就呼叫“祢”。父亲的庙号称作“祢”，父亲在世不允许称呼庙号的，父亲去世了怎么能随意称呼呢？《苍颉篇》中有“倄”字，《训诂》解释说：这是疼痛时发出的呼叫，读音羽罪反。现在北方人遭受痛苦时就呼叫“倄”。南方的《声类》将“倄”字读作于耒反。现在南方人遭受痛苦时也有呼叫“倄”的。“倄”的两种读音只要依照各自的风俗就行，都是可以并存使用的。

梁朝，如果官吏因犯法而被拘禁，他的子孙、兄弟、侄儿都要光着脚、披头散发到京城宫门前谢罪三天。子孙中有当官的，不但要去谢罪，还应自己请求解除官职。儿子要穿草鞋粗衣，不梳洗，诚惶诚恐，在路上徘徊不定地等候执事，见了执事就不断磕头，直到流血，为父亲申诉冤枉。如果父亲被发配，成为服劳役的罪犯，所有的儿子要一起在衙门前搭个草棚居住，不敢安稳地住在家里，往往要在这草庵中住上十天半月，直到官府不让住才回到自己家中。江南的御史，有弹劾纠察官吏的权力。有的官吏的案情并不严重，只是由于违背教义，就遭到御史的污辱，或者是稍微受到牵连而被囚禁以致死在牢狱之中，御史因此与人结上了冤仇，双方的子孙三代都不会相互来往。例如到洽是御史中丞，正打算弹劾刘孝绰，他的哥哥到溉从前与刘孝绰关系十分要好，因而对弟弟进行了苦苦劝阻，但最终未能成功，只好到刘孝绰家，流泪向他告别，然后黯然离去了。

【原文】

兵凶战危，非安全之道。古者，天子丧服以临师，将军凿凶门而出。父祖伯叔，若在军阵，贬损自居，不宜奏乐宴会及婚冠吉庆事也。若居围城之中，憔悴容色，除去饰玩，常为临深履薄之状焉。父母疾笃，医虽贱虽少，则涕泣而拜之，以求哀也。梁孝元在江州，尝有不豫，世子方等亲拜中兵参军李猷焉。

四海之人，结为兄弟，亦何容易。必有志均义敌，令终如始者，方可议之。一尔之后，命子拜伏，呼为丈人，申父友之敬；身事彼亲，亦宜加礼。比见北人，甚轻此节，行路相逢，便定昆季，望年观貌，不择是非，至有结父为兄，托子为弟者。

【译文】

兵器是凶器，战争是危险的事。在古时候，天子身穿丧服出征，将军则凿开凶门率军出发。如果父亲、祖父、伯伯、叔叔征战沙场，晚辈在家中要自我约束，不奏乐，不宴饮，不举行婚礼、冠礼等吉庆典礼。如果长辈被围困在城中，晚辈就不要修饰面容，将装饰品和玩赏之物全部除掉，常流露出如临深渊、如履薄冰的谨慎神情。父母病情很严重，前去请医生时，即使医生地位低，年纪轻，也应该流着泪行礼拜见，哀求他为父母诊断治疗。梁朝孝元帝在江州时，曾经得了重病，太子萧方等就亲自拜请中兵参军李猷为父治病。

来自不同地方的异姓之人，结拜为兄弟，这谈何容易。必须是志同道合，始终如一的人，方才可以考虑这件事。只有这样，然后才让儿子拜见自己的结义兄弟，以丈人来称呼他，表示对父亲朋友的敬意。自己对结义兄弟的双亲，也应该以礼相待。如今发现北方人对这个礼节十分疏忽，他们行路相逢也可以随便结拜为兄弟，只是看对方的年纪与外表是否合适，而不是辨别是非，甚至还有与父辈的人结拜为兄弟，将儿子辈的人当作弟弟之类的事。

【原文】

昔者，周公一沐三握发，一饭三吐餐，以接白屋之士，一日所见者七十余人。晋文公以沐辞竖头须，致有图反之诮。门不停宾，古所贵也。失教之家，阍寺无礼，或以主君寝食嗔怒，拒客未通，江南深以为耻。黄门侍郎裴之礼，号善为士大夫，有如此辈，对宾杖之；其门生僮仆，接于他人，折旋俯仰，辞色应对，莫不肃敬，与主无别也。

【译文】

过去，周公接待贫贱的贤士的时候，洗头时曾三次挽起头发停下来，吃饭时曾三次吐出正在咀嚼的食物，一天接见了七十多人。晋文公有一次以正在洗头为借口，拒绝接见宫中的小臣头须，头须因此讥讽他思虑颠倒。不让宾客滞留在门前，这种礼节是古人所崇尚的。缺乏教养的人家，守门人也没有礼貌，有时用主人正在睡觉、吃饭、发怒等为借口，将客人拒之门外，不予通报。江南人认为这样做很没面子。黄门侍郎裴之礼，被称是士大夫中的佼佼者，如果发现仆人慢待宾客，就当着客人的面用棍棒处罚这个仆人，家中的侍者与仆人接待宾客时，通报迅速，言行举动，严肃恭敬，对待宾客像主人一般不二。

慕　　贤

【原文】

古人云："千载一圣，犹旦暮也；五百年一贤，犹比髆也。"言圣贤之难得，疏阔如此。傥遭不世明达君子，安可不攀附景仰之乎？吾生于乱世，长于戎马，流离播越，闻见已多；所值名贤，未尝不心醉魂迷向慕之也。人在年少，神情未定，所与款狎，熏渍陶染，言笑举动，无心于学，潜移暗化，自然似之；何况操履艺能，较明易习者也？是以与善人居，如入芝兰之室，久而自芳也；与恶人居，如入鲍鱼之肆，久而自臭也。墨子悲于染丝，是之谓矣。君子必慎交游焉。孔子曰：“无友不如己者。”颜、闵之徒，何可世得！但优于我，便足贵之。

【译文】

古人说：“一千年有一位圣人出现，就像一天出现一位一样；五百年出现一位圣人，就好像贤士一位接着一位出现。”这句话是说圣贤之人是很不容易出现的。因而，如果遇上罕见的圣贤之人，怎么能不亲近仰慕他呢？我生于乱世，在兵荒马乱中流离飘荡，看到的，听到的已经很多了，遇到有名望的贤人，未尝不心醉神迷、向往倾慕。人在年轻的时候，思想性格尚未定型，所接近的人很容易在自己身上产生影响，即使无心效仿，在潜移默化中，言谈举止也与贤人有许多相似之处；操行才能，受贤人的影响就更明显了。因此，与好人相处，如同进入放满芝兰的房屋，时间久了，自然也会染上香气；与坏人相处，如同进入满是鲍鱼的店铺，时间久了，自然会染上臭味。墨子看见白丝浸在黄色染缸就变黄，浸在黑色染缸就变黑，因而发出感叹，指的就是这个道理。君子结交朋友一定要慎重。孔子说：“不要跟不如自己的人结交朋友。”颜渊、闵子骞之类的贤人，一辈子也难得遇上一位！只要一个人比自己强，那么他就值得你敬重。

颜　回

【原文】

世人多蔽，贵耳贱目，重遥轻近。少长周旋，如有贤哲，每相狎侮，不加礼敬；他乡异县，微藉风声，延颈企踵，甚于饥渴。校其长短，核其精粗，或彼不能如此矣，所以鲁人谓孔子为东家丘。昔虞国宫之奇，少长于君，君狎之，不纳其谏，以至亡国，不可不留心也。

用其言，弃其身，古人所耻。凡有一言一行，取于人者，皆显称之，不可窃人之美，以为己力；虽轻虽贱者，必归功焉。窃人之财，刑辟之所处；窃人之美，鬼神之所责。

【译文】

在当今世上，流传着一种弊病，对耳闻十分看重，却对亲眼看到的事物很轻视，相信听到的远处的东西，轻视见到的近处的事物。从小一起长大的人，如果其中有贤能聪明的，却不知加以礼敬，还常常对他轻侮怠慢。而他乡异地的人，稍有名气，有些人就只凭借耳闻，盲目崇拜，伸长脖子，踮起脚跟，如饥似渴地盼望。若核实其长短，考察其优劣，远处的贤人或许还不如身边的贤人。所以鲁国人都不把孔子当成圣人，而把他称为东家丘；从前虞国的宫之奇，比国君略大一二岁。国君不知尊重他，不肯接受他的劝谏，最终导致国家灭亡。这种教训不能不注意啊！

采用了一个人的意见，而不能厚待这个人，对古人来说是件可耻的事情。凡是一句话或一件事是从他人处取来的，都应该说明出处，不能夺人所好，据为己有。自己所效法的人，即使地位低下，身份卑贱，也应该归功于他。盗取别人的财物要受到法律的制裁；窃取别人的功绩，鬼神也要对他施以惩罚的。

【原文】

梁孝元前在荆州，有丁觇者，洪亭民耳，颇善属文，殊工草隶；孝元书记，一皆使之。军府轻贱，多未之重，耻令子弟以为楷法，时云："丁君十纸，不敌王褒数字。"吾雅爱其手迹，常所宝持。孝元尝遣典签惠编送文章示萧祭酒，祭酒问云："君王比赐书翰，及写诗笔，殊为佳手，姓名为谁？那得都无声问？"编以实答。子云叹曰："此人后生无比，遂不为世所称，亦是奇事。"于是闻者稍复刮目。稍仕至尚书仪曹郎，末为晋安王侍读，随王东下。及西台陷殁，简牍湮散，丁亦寻卒于扬州；前所轻者，后思一纸，不可得矣。

【译文】

当初，梁朝的孝元帝在荆州时，有一位幕僚名叫丁觇，是洪亭的一位普通民众，擅长写文章，还善于书写草书、隶书；孝元帝发布的公文、命令，全部由他来办理承担。将帅幕府中的大多数人，认为丁觇出身低微，瞧不起他，觉得让子弟跟他学书法是可耻的事。当时流传着这样一句话："丁君十张纸，不如王褒几个字。"我对丁君的书法一向十分喜爱，常常收集他的墨迹加以珍藏。孝元帝曾派名叫惠编的典签，将丁觇的文章送给书法家萧祭酒看，萧祭酒问道："君王近来赐送的文章的作者和抄写文章的人，真是一位高手。不知这个人叫什么名字？怎么从未听说过呢？"惠编就把实情告诉他。他赞叹道："真是后生可畏，世人当中竟没有赏识他的，真是一件奇事！"于是，听说了这件事的人，才渐渐地对丁觇稍加重视了。丁觇的官职逐渐地升到尚书仪曹郎，后来又担任晋安王的侍读，跟随晋安王顺江东行。后来江陵西台发生战事陷落敌手，文书典籍大量散失，丁觇不久也死于扬州。那些以前瞧不起他的人，想得到一张他的手迹，已经没有可能了。

【原文】

侯景初入建业，台门虽闭，公私草扰，各不自全。太子左卫率羊侃坐东掖门，部分经略，一宿皆办，遂得百余日抗拒凶逆。于时，城内四万许人，王公朝士，不下一百，便是恃侃一人安之，其相去如此。古人云："巢父、许由，让于天下，市道小人，争一钱之利。"亦已悬矣。

齐文宣帝即位数年，便沉湎纵恣，略无纲纪；尚能委政尚书令杨遵彦，内外清谧，朝野晏如，各得其所，物无异议，终天保之朝。遵彦后为孝昭所戮，刑政于是衰矣。斛律明月，齐朝折冲之臣，无罪被诛，将士解体，周人始有吞齐之志，关中至今誉之。此人用兵，岂止万夫之望而已哉！国之存亡，系其生死。

张延隽之为晋州行台左丞，匡维主将，镇抚疆埸，储积器用，爱活黎民，隐若敌国矣。群小不得行志，同力迁之；既代之后，公私扰乱，周师一举，此镇先平。齐亡之迹，启于是矣。

【译文】

侯景刚攻入建业的时候，台城城门虽关闭了，但里面官员兵将和百姓都很恐慌，都觉得不安全。太子左卫率羊侃坐镇东宫，分兵部署，处置筹划，一夜之间就安排妥当，使城内军心民心安定下来，才得以坚守了一百多天。当时城内有四万人左右，其中王公大臣不下百人，只依仗羊侃一个人得以安身。人的才能高低，就有如此的不同。古人说："巢父、许由，把天下这样贵重的大利都推让掉了，而市井小人，却为一个小钱争夺不休”。他们之间的境界高低也相差太大了。

齐朝文宣帝即位没几年，就放纵恣肆，沉溺于酒色，无法无天。但他总算还能将朝政授权于尚书令杨遵彦，才能天下太平，朝野相安无事，各得其所，民众对国家大事没有非议，这种局面一直延续到天保末年。后来杨遵彦被孝昭帝杀害，国家的政治就从此衰落下去。斛律明月是齐朝安邦御敌的主帅，无辜被杀，因而军心涣散，北周才顿生吞并齐国的野心。在关中，人们至今还怀念着斛律明月。这个人用兵打仗，又岂止是千军万马众望所归而已！他的生死，牵系着国家的存亡。

张延隽在担任晋州行台左丞时，他帮助主将镇守边疆，储备兵器，积蓄器物，爱护黎民百姓，使晋州威重得足以抵一个敌国。一些不得志的小人，合力排挤他。后来取代他的人，是个无能之辈，晋州上下弄得一片混乱，北周的军队举兵进攻，晋州首先被扫平。齐朝灭亡的征兆，就是从这开始显露的。

勉　　学

【原文】

自古明王圣帝，犹须勤学，况凡庶乎！此事遍于经史，吾亦不能郑重，聊举近世切要，以启寤汝耳。士大夫子弟，数岁已上，莫不被教，多者或至《礼》、《传》，少者不失《诗》、《论》。及至冠婚，体性稍定；因此天机，倍须训诱。有志向者，遂能磨砺，以就素业，无履立者，自兹堕慢，便为凡人。人生在世，会当有业：农民则计量耕稼，商贾则讨论货贿，工巧则致精器用，伎艺则沈思法术，武夫则惯习弓马，文士则讲议经书，多见士大夫耻涉农商，羞务工伎，射则不能穿札，笔则才记姓名，饱食醉酒，忽忽无事，以此销日，以此终年。或因家世余绪，得一阶半级，便自为足，全忘修学；及有吉凶大事，议论得失，蒙然张口，如坐云雾；公私宴集，谈古赋诗，塞默低头，欠伸而已。有识旁观，代其入地。何惜数年勤学，长受一生愧辱哉！

【译文】

自古以来，贤明的君王还不忘勤学，何况平常的人呢！这种事经籍史书中多有记载。我不能一一例举，现在只稍举近世比较重要的事，来启发开导你们。士大夫的子弟，从几岁开始，没有不接受教育的。他们中学得多的，已经学到《礼经》、《春秋》三传；学得少的，也学到《诗经》、《论语》。到了举行冠礼、成婚的年龄，体质、性情都渐成熟，更要利用他们的灵性，加倍地对他们进行训导教诲。有志向的人，就要经得起磨炼，成就事业；没有志向、缺乏毅力的人，从此懈怠，就变成了平庸之人。人生在世，应当从事一项职业，农民盘算核计耕种庄稼，商人就要商谈买卖交易，工匠致力于制造精巧的器物，艺人潜心钻研技艺，武士经常练习射箭骑马，文人讲解议论经书。但现在却多见有的士大夫，他们不屑于务农、经商，不愿意从事工匠、艺人的职业。射箭则不能射穿盔甲上的叶片，写字只会写自己的名字，整天吃饱喝足，无所事事，以此消磨时光，虚度一生。有的人凭借祖上的余荫，谋得一官半职，就自我满足，全然忘记研习学业；一旦遇上有吉凶大事议论得失的场合，就张口结舌，如同坠入五里云雾之中；参加官府及私人宴会，人家在谈古论今、吟诗赋词，他只好装聋作哑一言不发，或者就是打个哈欠，伸个懒腰而已。有见识的旁观者，都替他羞愧，恨不得钻到地下去。这些士大夫为什么当初不花几年工夫刻苦学习，而要一生遭受羞辱呢？

【原文】

梁朝全盛之时，贵游子弟，多无学术，至于谚云："上车不落则著作，体中何如则秘书。"无不熏衣剃面，傅粉施朱，驾长檐车，跟高齿屐，坐棋子方褥，凭斑丝隐囊，列器玩于左右，从容出入，望若神仙，明经求第，则顾人答策；三九公讌，则假手赋诗。当尔之时，亦快士也。及离乱之后，朝市迁革，铨衡选举，非复曩者之亲；当路秉权，不见昔时之党。求诸身而无所得，施之世而无所用。被褐而丧珠，失皮而露质，兀若枯木，泊若穷流，鹿独戎马之间，转死沟壑之际。当尔之时，诚驽材也。有学艺者，触地而安。自荒乱以来，诸见俘虏，虽百世小人，知读《论语》、《孝经》者，尚为人师；虽千载冠冕，不晓书记者，莫不耕田养马。以此观之，安可不自勉耶？若能常保数百卷书，千载终不为小人也。

【译文】

梁朝鼎盛时期，一些官宦人家的子弟，大多不学无术，以至于当时有谚语说："上车不掉下来就可以当著作郎，提笔能写普通的书信就可以做秘书郎。"这些贵族子弟没有一个不是把衣服熏香，把脸刮得干干净净，涂脂抹粉，乘长檐车，穿高齿木屐，坐在方格图案的褥子上，靠着杂色丝绸缝制的靠枕，左右陈放着古玩器物，进进出出，悠然安逸，远远望去，犹如神仙一般。参加科举考试就雇人考，参加三公九卿的宴会，就请人替他作诗。在当时，也算得上快活的人。战乱之后，改朝换代，掌握选拔官吏的人，不再是从前的亲戚，朝中当权的人，不再是旧日的同党，进而想跻身于社会，竟毫无本事，退而想讲求个人的品行，又一无是处。他们披着粗布衣服，失去了珠宝，再也没有华丽的外表，而露出了本来的面目，呆头呆脑像一截枯木，漂泊在断头的河流。在乱军中，他们颠沛无依，暴尸荒野。在这个时候，他们才觉得自己是个无用的人。那些具备真才实学的人，就能随遇而安。自从战乱以来，可以看到那些俘虏中，有些人即使世代都是平民，只要读过《论语》、《孝经》，还可以去当老师谋生；有些人即使是世代为官，没有学问不通文墨的，也只好沦为种地养马的奴仆。从中可以看出，怎么能不勉励自己刻苦学习呢？如果能熟读百卷经书，永远也不至于沦为低贱的人。

【原文】

夫明《六经》之指，涉百家之书，纵不能增益德行，敦厉风俗，犹为一艺，得以自资。父兄不可常依，乡国不可常保，一旦流离，无人庇荫，当自求诸身耳。谚曰："积财千万，不如薄伎在身。"伎之易习而可贵者，无过读书也。世人不问愚智，皆欲识人之多，见事之广，而不肯读书，是犹求饱而懒营馔，欲暖而惰裁衣也。夫读书之人，自羲、农已来，宇宙之下，凡识几人，凡见几事，生民之成败好恶，固不足论，天地所不能藏，鬼神所不能隐也。

【译文】

读懂六经的要旨，弄通百家的书册，即使不能修炼个人德行，改变社会风气，至少还是掌握一门学问，可以靠它自谋生路。父亲、兄长不能长期依靠，家乡也不可能常保无事，一旦颠沛流离，没有人保护，只好靠自己了。谚语说："家财万贯，不如一技在身。"技艺中最容易学习而且值得崇尚的没有比读书更好的了。世上的人不论是聪明还是愚蠢，都希望认识的人多，见识的事广，却不肯用功读书，这就好像想吃得饱却懒得做饭，想穿得暖却不肯去裁制衣服一样。自从伏羲、神农以来，喜欢读书的人，认识了多少人，见识了多少事，看到了人类的成败与好恶，这些固然不值得再说，就连天地万物道理，鬼神之事，也都能通晓。

【原文】

有客难主人曰："吾见强弩长戟，诛罪安民，以取公侯者有矣；文义习吏，匡时富国，以取卿相者有矣；学备古今，才兼文武，身无禄位，妻子饥寒者，不可胜数，安足贵学乎？"主人对曰："夫命之穷达，犹金玉木石也；修以学艺，犹磨莹雕刻也。金玉之磨莹，自美其矿璞，木石之段块，自丑其雕刻；安可言木石之雕刻，乃胜金玉之矿璞哉？不得以有学之贫贱，比于无学之富贵也。且负甲为兵，咋笔为吏，身死名灭者如牛毛，角立杰出者如芝草；握素披黄，吟道咏德，苦辛无益者如日蚀，逸乐名利者如秋荼，岂得同年而语矣。且又闻之：生而知之者上，学而知之者次。所以学者，欲其多知明达耳。必有天才，拔群出类，为将则暗与孙武、吴起同术，执政则悬得管仲、子产之教，虽未读书，吾亦谓之学矣。今子即不能然，不师古之踪迹，犹蒙被而卧耳。"

【译文】

有位客人追问我说："我看见有的人只靠手执武器，除暴安良，因而获取到公侯的爵位；有的人只凭借阐释法度，研习吏道，就去匡救时代，使国家富强，以取得卿相的官职。而那些学通古今典籍，文武双全的人，却没有官禄爵位，妻子儿女饥寒交迫，这种人却多得数不清，这样看来学习又怎么值得崇尚呢？"我回答说："人的命运坎坷或者通达，就好像金玉和木石；钻研学问，掌握本领，就好像琢磨金玉与雕刻木石的手艺。琢磨过的金玉之所以好看，是因为金玉本身是美物；一截木头、一块石头之所以难看，是因为尚未经过雕刻。但我们怎么能说雕刻过的木石胜过尚未琢磨过的宝玉呢？所以，我们不能将有学问的贫贱之士与没有学问的富贵之人相比。而且拿武器去打仗，拿着笔去做官吏，身死名灭的多如牛毛，出类拔萃者则少如芝草。如今，埋头读书，传扬道德文章的人，劳而无益的，少如日蚀；追求名利，耽于享乐的人多如秋草。二者怎么能同日而语呢？况且，我又听说：'生下来不学就会的人，是天才；经过学习才会的人，就差了一等。'因而，学习是使人增长知识，明白通达。如果说有天才的话，一定是出类拔萃的人，当将领就暗中知晓了孙子、吴起的兵法；当宰相就同于管仲、子产的政治素养，像这样的人，即使不读书，我也说他们是已经学过了。你们现在既然不能达到这样的水平，再不去学古人，就像盖着被子蒙头大睡，什么也不知道。"

管仲　名夷吾，字仲，春秋时期齐国著名的政治家，颍上（今安徽颍上）人。

【原文】

人见邻里亲戚有佳快者，使子弟慕而学之，不知使学古人，何其蔽也哉？世人但知跨马被甲，长稍强弓，便云我能为将；不知明乎天道，辨乎地利，比量逆顺，鉴达兴亡之妙也。但知承上接下，积财聚谷，便云我能为相；不知敬鬼事神，移风易俗，调节阴阳，荐举贤圣之至也。但知私财不入，公事夙办，便云我能治民；不知诚己刑物，执辔如组，反风灭火，化鸱为凤之术也。但知抱令守律，早刑晚舍，便云我能平狱；不知同辕观罪，分剑追财，假言而奸露，不问而情得之察也。爰及农商工贾，厮役奴隶，钓鱼屠肉，饭牛牧羊，皆有先达。可为师表，博学求之，无不利于事也。

【译文】

人们一看见邻里乡亲中有优秀的人，就让自己的子弟钦慕而向他们学习，却不知道让子弟向古人学习，这是多么愚昧无知啊！世人只看到当将军的骑马披甲，挺长矛挽强弓，就认为自己也能当将军；而不知道明辨天时地利，估量敌我形势的优劣，洞悉国家兴亡的规律。只知道当宰相的禀承旨意，指挥下属，积累财富，囤积粮食，就认为自己能当卿相；而不知道敬奉鬼神，移风易俗，调顺阴阳，推贤荐能等重要职责。只知道不谋取私利，不贪图钱财，勤于公务，就认为自己能治理百姓；而不知道治民要有自己诚心为民示范，要像良御驾车一样得心应手，要有因势利导止风灭火，化鸱鸟恶鸟为凤为凰的本领。只知道司法的谨守法令规律，及早判罪，延迟赦免，就认为自己也会审理案件；而不知道同辕观罪，分剑追财，用假言诱使伪诈者暴露，无须反复审问就能使案情自明等种种技巧。总而言之，不管是务农的、做工的、经商的、当仆人的、做奴隶的、还是钓鱼的、杀猪的、喂牛的、放羊的，他们中间都曾出现过贤明通达之人，可以作为学习的表率。如果能广泛向他们学习，对事业会有帮助的。

【原文】

夫所以读书学问，本欲开心明目，利于行耳。未知养亲者，欲其观古人之先意承颜，怡声下气，不惮劬劳，以致甘腝，惕然惭惧，起而行之也；未知事君者，欲其观古人之守职无侵，见危授命，不忘诚谏，以利社稷，恻然自念，思欲效之也；素骄奢者，欲其观古人之恭俭节用，卑以自牧，礼为教本，敬者身基，瞿然自失，敛容抑志也；素鄙吝者，欲其观古人之贵义轻财，少私寡欲，忌盈恶满，赒穷恤匮，赧然悔耻，积而能散也；素暴悍者，欲其观古人之小心黜己，齿弊舌存，含垢藏疾，尊贤容众，苶然沮丧，若不胜衣也；素怯懦者，欲其观古人之达生委命，强毅正直，立言必信，求福不回，勃然奋厉，不可恐慑也；历兹以往，百行皆然。纵不能淳，去泰去甚。学之所知，施无不达。世人读书者，但能言之，不能行之，忠孝无闻，仁义不足；加以断一条讼，不必得其理；宰千户县，不必理其民；问其造屋，不必知楣横而棁竖也；问其为田，不必知稷早而黍迟也；吟啸谈谑，讽咏辞赋，事既优闲，材增迂诞，军国经纶，略无施用：故为武人俗吏所共嗤诋，良由是乎！

【译文】

读书钻研学问，本来是为了启发智力，开阔视野，以利于自己的品行。对于那些不知奉养父母的人，应当让他们看看古人如何尊崇父母的心意，顺承父母的愿望，和颜悦色地与父母说话，不怕劳苦去为父母做好吃的东西，从而使他们感到惭愧恐惧，进而仿照古人行孝道。对于那些不知侍奉君王的人，要让他们借鉴古人忠于职守，不滥用职权，危难之中勇于承担责任，不忘劝谏，为国家社稷谋利的品行，从而使他们躬身反省，念念不忘效法古人。对于那些一向骄奢淫逸的人，要让他们借鉴古人恭敬省俭，谦卑自持，以礼让为修身养性的根本，以恭敬为待人处世的基础，从而使他们警觉自己的过失，有所收敛，有所节制。对那些一向鄙陋吝啬的人，要让他们借鉴古人重义气，轻钱财，少私欲，忌满盈，能周济贫苦百姓，使他们悔恨以前的所作所为，从而做到既能聚积财物，又能施舍与人。对那些一向残暴凶悍的人，要让他们借鉴古人小心谨慎，懂得坚齿易亡，柔舌久存的道理，容忍别人的缺点，敬重贤者，宽待众人的品行，从而使他们幡然悔悟，学会谦让。对那些一向懦弱的人，要让他们借鉴古人乐天达命，刚毅正直，言而有信，祈求福运而不悖逆祖道的原则，使他们奋发励志，不再胆怯恐惧，除此之外，多方面的品行，都可以从书中得到借鉴。即使无法学得完整，也能够避免极端过分的言行。只要多学习，做起事来就会得心应手。然而现在有些读书人，只知空谈，却不能实行，忠义谈不上，仁义也很欠缺。再加上他们审断一桩官司，不一定明了其中的道理；当县令，也不一定亲自治理百姓；盖房子，不懂得楣是横的、棁是竖的；从事耕作，不知道农作物的生长规律；只知道吟啸谈笑，讽咏辞赋，事是很悠闲的，但人则更迂诞，对统军治国，筹划安邦是毫无办法。因而这些人遭到军士胥吏的讥讽诋毁，也实在是事出有因啊！

【原文】

夫学者所以求益耳。见人读数十卷书，便自高大，凌忽长者，轻慢同列；人疾之如仇敌，恶之如鸱枭。如此以学自损，不如无学也。

古之学者为己，以补不足也；今之学者为人，但能说之也。古之学者为人，行道以利世也；今之学者为己，修身以求进也。夫学者犹种树也，春玩其华，秋登其实；讲论文章，春华也，修身利行，秋实也。

【译文】

人们学习是为了有所收获。可我看有些人，其实只读了几十卷书，就自高自大，把长者不放在眼里，对同列更是十分傲慢轻视。使人们像憎恶仇敌一样憎恶这种人，像厌恨鸱鸟一样厌恨这种人。像这样因为有了点学问反而使自己的品行招致损害，还不如没有学问。

古人学习是为了自己，用学习来弥补自己的不足；现在的人学习是为了别人，只求能说会道，向别人炫耀。古人学习是为了别人，实践真理，为社会谋利。现在的人学习是为了自己，提高自己的学问修养是为了谋取官禄爵位。学习就像种树，春天可以观赏花朵，秋天可以收获果实；研习讨论文章，如同春花；修身养性为社会谋利，如同秋实。

【原文】

人生小幼，精神专利，长成已后，思虑散逸，固须早教，勿失机也。吾七岁时，诵《灵光殿赋》，至于今日，十年一理，犹不遗忘；二十之外，所诵经书，一月废置，便至荒芜矣。然人有坎壈，失于盛年，犹当晚学，不可自弃。孔子云："五十以学《易》，可以无大过矣。"魏武、袁遗，老而弥笃，此皆少学而至老不倦也。曾子十七乃学，名闻天下；荀卿五十，始来游学，犹为硕儒；公孙弘四十余，方读《春秋》，以此遂登丞相；朱云亦四十，始学《易》、《论语》；皇甫谧二十，始受《孝经》、《论语》：皆终成大儒，此并早迷而晚寤也。世人婚冠未学，便称迟暮，因循面墙，亦为愚耳。幼而学者，如日出之光，老而学者，如秉烛夜行，犹贤乎瞑目而无见者也。

【译文】

人在小的时候，精神易于集中；长大以后，心思就容易分散。因此，必须重视早期教育，不能错过良机。我七岁的时候，背诵过《灵光殿赋》，直到现在，每隔十年温习一遍，仍然没有遗忘；二十岁以后背诵过的经书，虽也会背，但只要有一个月不温习，就忘得差不多了。然而，人的一生有许多坎坷，要是年轻时失去了学习的机会，到了晚年也应该加紧学习，不能自己放弃自己。孔子说："到了五十岁学习《易经》，就可以避免大的过错。"曹操和袁遗，到了晚年更加专心刻苦，这两个人都是从小就好学，而到了晚年仍能坚持。曾子十七岁才开始学习，后来名闻天下；荀子五十岁才出来游学，还成为一代宗师。公孙弘四十多岁才读《春秋》，并因此而做了卿相；朱云也是四十多岁才开始学《易经》、《论语》；皇甫谧二十岁才学《孝经》、《论语》，而他们最后都成大儒。这些人都是年少的时候不用功，到老了才醒悟过来的例子。世上的人到了结婚、加冠的年龄，如果还没有开始学习，就觉得一切都晚了，于是就这样一直拖延下去，就像面对墙壁，什么都看不见一样，也就太愚昧了。小时候好学，就像旭日东升放出的光芒；老的时候好学，就像手持蜡烛在夜里行走，但还是比闭上眼睛，什么也看不见的人强多了。

荀子　名况，字卿，后避汉宣帝讳，改称孙卿。战国时期赵国人。

【原文】

学之兴废，随世轻重。汉时贤俊，皆以一经弘圣人之道，上明天时，下该人事，用此致卿相者多矣。末俗已来不复尔，空守章句，但诵师言，施之世务，殆无一可。故士大夫子弟，皆以博涉为贵，不肯专儒。梁朝皇孙以下，总丱之年，必先入学，观其志尚，出身已后，便从文吏，略无卒业者。冠冕而为此者，则有何胤、刘瓛、明山宾、周舍、朱异、周弘正、贺琛、贺革、萧子政、刘绍等，兼通文史，不徒讲说也。洛阳亦闻崔浩、张伟、刘芳，邺下又见邢子才：此四儒者，虽好经术，亦以才博擅名。如此诸贤，故为上品，以外率多田野间人，音辞鄙陋，风操蚩拙，相与专固，无所堪能，问一言辄酬数百，责其指归，或无要会，邺下谚云："博士买驴，书券三纸，未有驴字。"使汝以此为师，令人气塞。孔子曰："学也禄在其中矣。"今勤无益之事，恐非业也。夫圣人之书，所以设教，但明练经文，粗通注义，常使言行有得，亦足为人；何必"仲尼居"即须两纸疏义，燕寝讲堂，亦复何在？以此得胜，宁有益乎？光阴可惜，譬诸逝水。当博览机要，以济功业：必能兼美，吾无间焉。

【译文】

学习风气的兴盛与衰微，随着世道的变迁而变化。汉代的贤能是以精通一部经书来弘扬圣人之道，上通天文，下知人事，靠这而做到卿相的人也很多。近世清淡之风盛行以来，读书人拘泥于文章词句，只会背诵师长的言论，如果靠这些东西处理谋生治世之事，就派不上用场了。士大夫子弟都崇尚广泛涉猎各种典籍，不肯像汉人那样专心钻研一经。梁朝贵族子弟，在童年时，必须先让他们入学，观察他们的志向与爱好，但到成年为官以后，就转而学文官的事务，几乎没有人能完成学业。当官的人有这么做的，如何胤、刘瓛、明山宾、周舍、朱异、周弘正、贺琛、贺革、萧子政、刘绍等，他们能够兼通文史，不仅仅是会讲解经术而已。我也听说洛阳有崔浩、张伟、刘芳，邺下有邢子才，这四位学者，不仅喜好经术，也以博学多才闻名。像这样的贤人，才是上品。而其他的人就多是村夫庸人，言语鄙陋，举止粗俗，没有节操，与人相处，固执武断，没有一点本事，问他一句话，就会回答数百句，倘若问他其中的意思到底是什么，他也不知道。邺下有句谚语说："博士去买驴，契约写了三张，还没有写到一个驴字。"尽是一些废话，如果你们拜这样的人为师，会被他气死了。孔子说："好好学习，官禄就在其中。"现在有人只在无益的事上下功夫，大概不能算学业。圣人的典籍，是用来教育人的，只要能阐明经义，略微通晓注文的意思，使人的言行有所依据，足以懂得为人之道就行了。何必"仲尼居"三个字，就用了两张来注释，"仲尼居"的"居"是闲居的住所，还是讲习经术的厅堂，这一类的争议又有什么意义？争个谁高谁低，又有什么必要呢？光阴是很宝贵的，应该珍惜，它像流水一样，一去不复返。应当博览经典著作，以成就功业。如果能做到博览与专精两全其美，那样我也就没必要再说什么了。

【原文】

俗间儒士，不涉群书，经纬之外，义疏而已。吾初入邺，与博陵崔文彦交游，尝说《王粲集》中难郑玄《尚书》事，崔转为诸儒道之。始将发口，悬见排蹙，云："文集只有诗赋铭诔，岂当论经书事乎？且先儒之中，未闻有王粲也。"崔笑而退，竟不以《粲集》示之。魏收之在议曹，与诸博士议宗庙事，引据《汉书》，博士笑曰："未闻《汉书》得证经术。"收便忿怒，都不复言，取《韦玄成传》，掷之而起。博士一夜共披寻之，达明，乃来谢曰："不谓玄成如此学也。"

【译文】

如今的儒士，往往许多书都没看过，除了研读经书、纬书之外，也就只读点注解儒家经书的讲疏而已。我刚到邺都的时候，与博陵的崔文彦交往。有一次与他谈起《王粲集》中关于诘难郑玄注解《尚书》的问题。崔文彦转而又与几位儒士谈起这事，刚刚开口，他们就无端斥责说："文集中收录诗歌词赋，铭文诔文，怎么会论述经书的问题呢？况且先前的儒士中，没听说过有王粲这个人。"崔文彦笑了笑，便告退了，也没有把王粲的集子给他们看。魏收任职议曹的时候，曾和几位博士议论宗庙的事；他引用《汉书》作论据，博士笑着说："从来没听说《汉书》能够用来论证儒家经术。"魏收很生气，一句话也不再说，拿出《汉书·韦玄成传》，扔给博士，就起身离开了。博士花了一夜的时间在书中披阅寻找，到了天亮，才前来道歉说："原来不知道韦玄成还有这样的学问。"

【原文】

夫老、庄之书，盖全真养性，不肯以物累己也。故藏名柱史，终蹈流沙；匿迹漆园，卒辞楚相，此任纵之徒耳。何晏、王弼，祖述玄宗，递相夸尚，景附草靡，皆以农、黄之化，在乎己身，周、孔之业，弃之度外。而平叔以党曹爽见诛，触死权之网也；辅嗣以多笑人被疾，陷好胜之阱也；山巨源以蓄积取讥，背多藏厚亡之文也；夏侯玄以才望被戮，无支离拥肿之鉴也；荀奉倩丧妻，神伤而卒，非鼓缶之情也；王夷甫悼子，悲不自胜，异东门之达也；嵇叔夜排俗取祸，岂和光同尘之流也；郭子玄以倾动专势，宁后身外己之风也；阮嗣宗沉酒荒迷，乖畏途相诫之譬也，谢幼舆赃贿黜削，违弃其余鱼之旨也：彼诸人者，并其领袖，玄宗所归。其余桎梏尘滓之中，颠仆名利之下者，岂可备言乎！直取其清谈雅论，剖玄析微，宾主往复，娱心悦耳，非济世成俗之要也，洎于梁世，兹风复阐，《庄》、《老》、《周易》，总谓《三玄》。武皇，简文，躬自讲论。周弘正奉赞大猷，化行都邑，学徒千余，实为盛美。元帝在江、荆间，复所爱习，召置学生，亲为教授，废寝忘食，以夜继朝，至乃倦剧愁愤，辄以讲自释。吾时颇预末筵，亲承音旨，性既顽鲁，亦所不好云。

【译文】

老子、庄子的著作，强调的是修身养性，保全本质，而不肯因身外之物拖累自己。因此，老子隐姓埋名在周朝担任柱下史，后来又出关到沙漠，隐居起来。庄子在漆园隐身匿迹，后又辞谢楚王召请不肯为相。他们都是无所拘束，自由自在的人。何晏、王弼师法前人，论述道家的深奥玄理，竞相宣扬崇尚老、庄之学。当时的人如影随形，如草随风，都以神农、黄帝的教化作为立身之本，将周公、孔子的儒家经术置之度外。何晏因与曹爽结党而被斩，正触犯了老庄所反对的“死权”的网；王弼因讥笑别人而遭人憎恨，也陷入老庄所不赞成的“好胜”的陷阱之中；山巨源因蓄积财物而遭人讥讽，这是重蹈积蓄越多、失去越多的覆辙；夏侯玄因炫耀才学名望而被害，这是因为他没有从支离疏和臃肿大树得以自保的故事中汲取教训；荀奉倩丧妻后，过度悲伤而死，正是因为没有像庄子那样，丧妻后鼓盆而歌的通达之情；王夷甫丧子后，悲伤不已，不像东门子丧子后的潇洒豁达；嵇康因不随流入俗而遭祸害，哪里是老子所说的与世无争，不露锋芒之辈；郭象权倾一时，炙手可热，没有达到甘于人后、忘掉自我的境界；阮籍好酒贪杯、荒诞迷乱，背离了险途中应该小心谨慎的古训；谢幼舆因贪赃枉法而被罢免，违背了不应该贪得无厌的教义。这些人，都是老庄学派的领袖人物，为人们所景仰的，而还这样直接违反老庄学说。至于那些受到尘世污浊之风的熏染，追逐名利的人，还值得细说吗！他们只会高谈阔论，剖析玄奥微妙的义理，宾主互相问答，只求怡心悦耳，无助于济世济国。到了梁朝，这种清谈之风又盛行起来，《庄子》、《老子》、《周易》被总称为“三玄”。梁武帝、简文帝都亲自演讲讨论。周弘正奉命传播道教，学徒超过千人，盛况空前。梁元帝在江州、荆州期间，也很喜欢讲习“三玄”，召集门生，亲自传授，废寝忘食，夜以继日，甚至在极度疲倦或忧愁烦闷的时候，也用讲述玄学来排遣。我那时也在现场听他讲授，只是自己生性愚钝，也不太喜欢这一类的说教。

老子　姓李名耳，字伯阳，又称老聃。传说老子一生下来时，就具有白色的眉毛和胡子，所以被称为老子。相传生活在春秋时期，是道家学派的始祖。

【原文】

齐孝昭帝侍娄太后疾，容色憔悴，服膳减损。徐之才为灸两穴，帝握拳代痛，爪入掌心，血流满手。后既痊愈，帝寻疾崩，遗诏恨不见山陵之事。其天性至孝如彼，不识忌讳如此，良由无学所为。若见古人之讥欲母早死而悲哭之，则不发此言也。孝为百行之首，犹须学以修饰之，况余事乎！

梁元帝尝为吾说："昔在会稽，年始十二，便已好学。时又患疥，手不得拳，膝不得屈。闲斋张葛帏避蝇独坐，银瓯贮山阴甜酒，时复进之，以自宽痛。率意自读史书，一日二十卷，既未师受，或不识一字，或不解一语，要自重之，不知厌倦。"帝子之尊，童稚之逸，尚能如此，况其庶士，冀以自达者哉？

【译文】

齐朝的孝昭帝，在娄太后病重期间，一直在她身边侍候，因此弄得面容憔悴，茶饭不思。当徐子才给娄太后针灸两处穴位的时候，孝昭帝想为娄太后代受疼痛，握紧双拳，用手指掐住手心，血流满手。后来太后病好，孝昭帝却很快就病死了。他留下的诏书中，表示因不能为娄太后送终感到遗憾。孝昭帝天性至孝到如此程度，但不知忌讳又到如此程度，实是由于没有学问造成的。如果他从书中看到古人曾讥讽那些盼着母亲早死就可以为她哭丧的人的记载，就不会说这样的话了。行孝在多种优良品德中居第一位，还需要通过学习去培养，更何况别的事呢？

梁元帝曾对我说："从前我在会稽的时候，年纪只有十二岁，就已经爱好学习了。当时我患有皮肤病，手足都不能伸屈自如。我在闲斋中挂上葛布织的帏帐，挡避苍蝇，一人独坐，用小银瓶装上山阳甜酒，不时喝一点，以此来缓解痛楚。全神贯注地攻读史书，一天读二十卷，当时没有老师传授，遇到不认识的字，不理解的句子，自己就反复揣磨，不知疲倦。"处于太子这样尊贵的地位，又在好逸乐的童年时候，尚且能够如此用功，何况那些希望通过学习以求显达的普通读书人呢？

【原文】

古人勤学，有握锥投斧，照雪聚萤，锄则带经，牧则编简，亦为勤笃。梁世彭城刘绮，交州刺史勃之孙，早孤家贫，灯烛难办，常买荻尺寸折之，然明夜读。孝元初出会稽，精选寮寀，绮以才华，为国常侍兼记室，殊蒙礼遇，终于金紫光禄。义阳朱詹，世居江陵，后出扬都，好学，学贫无资，累日不爨，乃时吞纸以实腹。寒无毡被，抱犬而卧。犬亦饥虚，起行盗食，呼之不至，哀声动邻，犹不废业，卒成学士，官至镇南录事参军，为孝元所礼。此乃不可为之事，亦是勤学之一人。东莞臧逢世，年二十余，欲读班固《汉书》，苦假借不久，乃就姊夫刘缓乞丐客刺书翰纸末，手写一本，军府服其志尚，卒以《汉书》闻。

【译文】

古代勤奋好学的例子不胜枚举。苏秦读书时用锥子刺大腿以驱赶睡意；文党投斧挂树，毅然前往长安求学；孙康在夜里靠雪地的反光苦读；车武子收集萤火虫照明读书；兒宽、常林耕地时也常带着经书，抽空背诵；温舒一边放牧一边在蒲草上写字，这些都是勤勉求学的榜样。梁朝彭城的刘绮，是交州刺史刘勃的孙子，很小就没了父亲，因家里穷没钱买灯烛，就常将买来的荻草折断点燃，用来照明夜读。孝元帝当初出任会稽时，精心挑选了一批官吏，刘绮因才华出众被任命为常侍兼记室参军，很受孝元帝的器重，后来被加封为金紫光禄大夫。义阳的朱詹，世代住在江陵，后来迁到扬都，他刻苦好学，因家中贫困窘迫，有时几天无米下锅，就靠吃纸来充饥。天冷没有毡被，就抱着狗睡御寒。狗也饿得受不了，跑到外面去偷食，他叫了几声，也没有见它回来，那悲哀的叫声，惊动了四邻。但他依然没有荒废学业，最终学成而做官，官位升到镇南录事参军，受到孝元帝的礼遇。这几乎是无法做到的，他却做到了，也算是勤奋好学的人。东莞郡的臧逢世，二十多岁的时候，想读班固的《汉书》，苦于借来的书不能长期供自己阅读，就向他的姐夫刘缓讨要写名片、书信留下的边角纸，抄录《汉书》。幕府军中的同事都很钦佩他的毅力。臧逢世终于因精通《汉书》而闻名于世。

【原文】

齐有宦者内参田鹏鸾，本蛮人也。年十四五，初为阍寺，便知好学，怀袖握书，晓夕讽诵。所居卑末，使役苦辛，时伺闲隙，周章询请。每至文林馆，气喘汗流，问书之外，不暇他语。及睹古人节义之事，未尝不感激沈吟久之。吾甚怜爱，倍加开奖。后被赏遇，赐名敬宣，位至侍中开府。后主之奔青州，遣其西出，参伺动静，为周军所获。问齐王何在，绐云："已去，计当出境。"疑其不信，欧捶服之，每折一支，辞色愈厉，竟断四体而卒。蛮夷童丱，犹能以学成忠，齐之将相，比敬宣之奴不若也。

邺平之后，见徙入关。思鲁尝谓吾曰："朝无禄位，家无积财，当肆筋力，以申供养。每被课笃，勤劳经史，未知为子，可得安乎？"吾命之曰："子当以养为心，父当以学为教。使汝弃学徇财，丰吾衣食，食之安得甘？衣之安得暖？若务先王之道，绍家世之业，藜羹缊褐，我自欲之。"

【译文】

齐朝有个宦官，叫田鹏鸾，本来是少数民族人，十四五岁入宫当宦官时就非常好学，总是带着书，早晚背诵。尽管他职位低贱，非常辛苦，但还是抓紧空余时间，向人请教。他每次到文林馆，都累得气喘吁吁，汗流浃背，除了请教书中问题，无暇谈及其他的事情。每每看到书中关于古人守节操、讲仁义的事，总是十分感动，感叹不已。我非常喜欢这个孩子，极力开导鼓励他。后来他得到君王重用，被赐名为敬宣，官位升到侍郎中开府。北齐后主逃往青州之前，让敬宣到西边去侦察动静，结果被北周的军队俘虏，那些人向他盘问北齐后主的去向，他撒谎说："已经逃走了，估计已出了国境。"周军不相信，对他严加拷打，每打断一只手，一只脚，他的声音和神色就变得更加严厉，最终竟然被打断了四肢而死。少数民族的孩子，尚且能通过学习成为忠臣，而齐朝的文官武将，还不如这位名叫敬宣的奴仆。

邺都被北周军扫平之后，齐后主等人被遣送入关。颜思鲁曾对我说："现在朝中不做官没俸禄，家中又没有积攒财产，我应当用自己的体力去挣钱，以尽供养父母的责任。现在您常督促我学习，勤勉致力于经史之学，不知道尽做儿子的义务，这叫我怎能心安？"我训斥他说："当儿子的固然应把供养双亲放在心上，父亲应当以督促你们学习为教育的原则。假如你们放弃学业去谋取钱财，我即使是丰衣足食，也不会感到吃得舒心，穿得暖和。如果你们致力于先王之道，继承祖上的事业，我即使是布衣蔬食，也感到心安理得。"

【原文】

《书》曰："好问则裕。"《礼》云："独学而无友，则孤陋而寡闻。"盖须切磋相起明也。见有闭门读书，师心自是，稠人广坐，谬误差失者多矣。《穀梁传》称公子友与莒挐相搏，左右呼曰："孟劳。""孟劳"者，鲁之宝刀名，亦见《广雅》。近在齐时，有姜仲岳谓："'孟劳'者，公子左右，姓孟名劳，多力之人，为国所宝。"与吾苦诤。时清河郡守邢峙，当世硕儒，助吾证之，赧然而伏。又《三辅决录》云："灵帝殿柱题曰：'堂堂乎张，京兆田郎。'"盖引《论语》，偶以四言，目京兆人田凤也。有一才士，乃言："时张京兆及田郎二人皆堂堂耳。"闻吾此说，初大惊骇，其后寻愧悔焉。江南有一权贵，读误本《蜀都赋》注，解"蹲鸱，芋也"，乃为"羊"字；人馈羊肉，答书云："损惠蹲鸱。"举朝惊骇，不解事义，久后寻迹，方知如此。元氏之世，在洛京时，有一才学重臣，新得《史记音》，而颇纰缪，误反"颛顼"字，顼当为许录反，错作许缘反，遂谓朝士言："从来谬音'专旭'，当音'专翾'耳。"此人先有高名，翕然信行；期年之后，更有硕儒，苦相究讨，方知误焉。《汉书·王莽赞》云："紫色蠅声，余分闰位。"谓以伪乱真耳。昔吾尝共人谈书，言及王莽形状，有一俊士，自许史学，名价甚高，乃云："王莽非直鸱目虎吻，亦紫色蠅声。"又《礼乐志》云："给太官挏马酒。"李奇注："以马乳为酒也，揰挏乃成。"二字并从手，揰挏，此谓撞擣挺挏之，今为酪酒亦然。向学士又以为种桐时，太官酿马酒乃熟。其孤陋遂至于此。太山羊肃，亦称学问，读潘岳赋："周文弱枝之枣。"为杖策之杖；《世本》："容成造历。"以历为碓磨之磨。

【译文】

《尚书·仲虺之诰》说："喜爱提问，就能丰富知识。"《礼记·学记》说："自己一个人学习，而没有朋友之间的互相切磋，就会变得孤陋寡闻。"这里说人一定要有切磋以互相启发，才能明白。闭门读书的人，容易自以为是，而在大庭广众之中却经常出差错。《穀梁传》中提到公子友与莒挐跤，手下的人呼"孟劳"。"孟劳"是鲁国的宝刀名,《广雅》中也是这么解释的。最近我在齐国，遇到有个叫姜仲岳的人，他对我说："'孟劳'是指公子友旁边那个姓孟名劳的人，这个人力气很大，为国人所重视。"为此他极力和我争辩。当时清河郡的郡守邢峙也在场，他是当代的大儒，出面帮我证明孟劳是宝刀名，姜仲岳这才红着脸表示佩服。再比如,《三辅决录》中说："灵帝宫殿的门柱上题有：'堂堂乎张，京兆田郎。'"这句话大概出自《论语》，我认为：它是用"堂堂乎张"四个字来评价京兆的田凤长得相貌堂堂。一位有才学的士人，却认为这句话的意思说："当时的张京兆和田凤都长得相貌堂堂。"他听了我的说法以后，一开始觉得很惊讶，后来很快就明白过来，惭愧自己错了。江南有一位权贵，读了有谬误的《蜀都赋》注本，本中将"蹲鸱，就是芋头"。误写作"蹲鸱，就是羊头"。因而，他收到别人馈送的羊肉以后，就回信答谢道："谢谢你送给我的蹲鸱。"朝廷上下对他的这种说法都感到很奇怪，不知他写的是什么意思。很久以后弄清真相，才知道是《蜀都赋》之错字造成的误会。北魏时期，洛阳有一位才学渊博的重臣，刚得到一本《史记音》，这本书的注音有很多谬误，书中针对"颛顼"的"顼"字的反切写错了，它本来应该读作许录反，书中误写作许缘反。这位重臣以讹传讹，对朝中人士说："人们历来都将'颛顼'误读作'专旭'，其实应当读作'专翾'才对。"由于他当时名望很高，大家很信服遵从他的说法。一年以后，又有一位大学者经过苦心研究探讨，才知道原来是那位大臣读错了。《汉书·王莽赞》说："紫色蠅声，余分闰位。"这句话大意是："王莽篡权是以假乱真。"从前，我曾与别人谈论《汉书》，谈到王莽的相貌。有一俊士，自己认为是一史学家，名望很高，自称精通史学，他说："王莽不只是眼如鹰目，唇如虎唇，而且脸色发紫，声如蛙鸣。"又如《汉书·礼乐志》说："给太官挏马酒。"李奇注解说："以马乳为酒也，揰挏乃成。""揰"、"挏"两个字，偏旁都从"手"。揰挏这里是指上下捣击、搅拌的意思。现在的酪酒就是这样酿成的。从前的学士认为这句话是说种桐花的时候，太官酿酒才熟。他们孤陋寡闻竟然到了这种程度。泰山的羊肃，也是以博学见称，他读潘岳赋中"周文弱枝之枣"这句话，他将"弱枝"的"枝"误当作"杖策"的"杖"；《世本》中有"容成造历"这句话，他将"历"字当作"碓磨"的"磨"。

【原文】

谈说制文，援引古昔，必须眼学，勿信耳受。江南闾里间，士大夫或不学问，羞为鄙朴，道听途说，强事饰辞：呼徵质为周、郑，谓霍乱为博陆，上荆州必称陕西，下扬都言去海郡，言食则餬口，道钱则孔方，问移则楚丘，论婚则宴尔，及王则无不仲宣，语刘则无不公干。凡有一二百件，传相祖述，寻问莫知原由，施安时复失所。庄生有乘时鹊起之说，故谢朓诗曰："鹊起登吴台。"吾有一亲表，作《七夕》诗云："今夜吴台鹊，亦共往填河。"《罗浮山记》云："望平地树如荠。"故戴暠诗云："长安树如荠。"又邺下有一人《咏树》诗云："遥望长安荠。"又尝见谓矜诞为夸毗，呼高年为富有春秋，皆耳学之过也。

【译文】

谈话写文章，援引一些古时典故，必须是从书中亲眼所见，不要相信传闻之辞。江南民间有的士大夫既不勤学好问，又怕文章写得浅近鄙俗，于是利用道听途说来的东西勉强粉饰自己的文章。例如把索要抵押品说成"周郑"；把霍乱称之为霍光的封号"博陆"；上荆州一定要说成"去陕西"；下扬州一定要说成"去海郡"；讲到吃就是"餬口"；把钱称作"孔方"；把迁移说成"楚丘"；把结婚说成"宴尔"；提到王姓的人，无不称"王粲"；说起刘姓的人，无不称"刘桢"；这种称呼有一二百种。士大夫们互相沿袭、互相影响，一旦问起他们出自何典则多不知道了，往往用得驴唇不对马嘴。庄子有"乘时鹊起"的说法，于是谢朓便写出了"鹊起登吴台"的诗句；我有一位表亲，作了一首《七夕》诗，则说"今夜吴台鹊，亦共往填河"。《罗浮山记》说："望平地，树如荠。"于是戴暠的诗就有"长安树如荠"；邺下有个人在《咏树》诗中也就有了"遥望长安荠"，也都属于生搬硬套；还有人将狂妄自大称作"夸毗"，将高年称作"富有春秋"。这些都是相信道听途说造成的过错。

【原文】

夫文字者，坟籍根本。世之学徒，多不晓字：读《五经》者，是徐邈而非许慎；习赋诵者，信褚诠而忽吕忱；明《史记》者，专徐、邹而废篆籀；学《汉书》者，悦应、苏而略《苍》、《雅》。不知书音是其枝叶，小学乃其宗系。至见服虔、张揖音义则贵之，得《通俗》、《广雅》而不屑。一手之中，向背如此，况异代各人乎？

夫学者贵能博闻也。郡国山川，官位姓族，衣服饮食，器皿制度，皆欲根寻，得其原本；至于文字，忽不经怀，己身姓名，或多乖舛，纵得不误，亦未知所由。近世有人为子制名：兄弟皆山傍立字，而有名峙者，兄弟皆提手傍立字，而有名機者；兄弟皆水傍立字，而有名凝者。名儒硕学，此例甚多。若有知吾钟之不调，一何可笑。

【译文】

文字是典籍的根本。现今世上学习的人，很多不知字的重要；读五经的人，肯定徐邈而否定许慎；学习辞赋的人，信服褚诠而忽视吕忱；读《史记》的人，注重徐广、邹诞生对音义的研究，而废弃小篆籀文的钻研；学习《汉书》的人，欣赏应劭、苏林等人的注释，而忽略了《苍颉篇》、《广雅》。他们不知道研究语音只是文字的枝叶，研究字义才是文字的根本。有的甚至只看重服虔、张揖研究音义的著作，而不屑于同样是他们所写的《通俗文》、《广雅》等更根本的书。对同一个人所写的著作尚且有这么大的差异，何况不同的时代，不同的人呢？

求学的人崇尚广学博闻。大凡郡国、山川、官位、姓族、衣服、饮食、器皿、制度等问题，他们都想要寻根究底，弄清事物的原由；可是对于文字，他们却掉以轻心，连自己的名字姓氏，也常常写错，即使没有错误，也不知道其由来。近代有人为儿子起名：兄弟都以“山”旁的字命名，有的却名叫“峙”；兄弟都以“手”旁的字命名，有的却名叫“機”，兄弟都以“水”旁的字命名，有的却叫“凝”。大学者中，这样的例子也很多。如果被行家看出其中的不协调，该是多么可笑。

【原文】

吾尝从齐主幸并州，自井陉关入上艾县，东数十里，有猎闾村。后百官受马粮在晋阳东百余里亢仇城侧。并不识二所本是何地，博求古今，皆未能晓。及检《字林》、《韵集》，乃知猎闾是旧䜋余聚，亢仇旧是禐㱚亭，悉属上艾。时太原王劭欲撰乡邑记注，因此二名闻之，大喜。

吾初读《庄子》"螝二首"。《韩非子》曰："虫有螝者，一身两口，争令相龁，遂相杀也。"茫然不知此字何音，逢人辄问，了无解者。案：《尔雅》诸书，蚕蛹名螝，又非二首两口贪害之物。后见《古今字诂》，此亦古之虺字，积年凝滞，豁然雾解。

尝游赵州，见柏人城北有一小水，土人亦不知名。后读城西门徐整碑云"洦流东指"。众皆不识。吾案《说文》，此字古魄字也，洦，浅水貌。此水汉来本无名矣，直以浅貌目之，或当即以洦为名乎？

世中书翰，多称勿勿，相承如此，不知所由，或有妄言此忽忽之残缺耳。案：《说文》："勿者，州里所建之旗也，象其柄及三斿之形，所以趣民事，故悤遽者称为勿勿。"

【译文】

我曾经跟随齐文宣帝到过并州，由井陉关进入上艾县，县东几十里，有个猎闾村。后来，百官曾在晋阳以东百余里的亢仇镇接受马匹粮食。都不知道这二地原来是什么地方，查阅了大量的古今文献也没有查到。直到翻检了《字林》、《韵集》，才知道猎闾村原来称作"䜋余聚"，亢仇镇原来称作"禐㱚亭"，都隶属于上艾县。当时太原的王劭要撰写县志，我就把这两个村镇的名称告诉他，他非常高兴。

我刚读《庄子》时，看到"螝二首"这句话，《韩非子》中说："虫中有螝，一个身子两张嘴，为争食互相噬咬，因而互相残杀。"我都弄不懂"螝"字的意思，逢人就问，却根本没有人能解释这个字，据查证《尔雅》等字书认为，蚕蛹名叫"螝"，但它并不是有两个头两张嘴为抢食而互相残杀的虫子。后来看见《古今字诂》这本书，书中指出："魄"字就是古代的"虺"字。多年的疑惑豁然开朗、茅塞顿开。

我曾经到过赵州，见柏人城北边有一条小河，当地人也不知道它的名称。后来我读城西门一块徐整所写碑文，碑文中有"洦流东指"这句话，大家都不知道这句话是什么意思，我考证《说文解字》，这个"洦"就是古代的"魄"字，用来形容水浅的。这条河从汉朝以来就没有名称，只是因为水浅就称它为"洦"，或许就该用"洦"字来给它命名吧！

现在人写信，多写"勿勿"一词，这种写法一直沿袭下来，而没有人知道它的由来，有的人就妄加说明："勿勿"是"忽忽"的残缺字。经查阅：《说文解字·勿部》解释说："勿，是乡邑树立的旗帜。""勿"字的字形就像旗杆和旗穗，这种旗帜是用来催促民众抓紧农事的，所以就将紧急匆忙称作"勿勿"。

【原文】

吾在益州，与数人同坐，初晴日晃，见地上小光，问左右："此是何物？"有一蜀竖就视，答云："是豆逼耳。"相顾愕然，不知所谓。命取将来，乃小豆也。穷访蜀士，呼粒为逼，时莫之解。吾云："《三苍》、《说文》，此字白下为匕，皆训粒，《通俗文》音方力反。"众皆欢悟。

愍楚友婿窦如同从河州来，得一青鸟，驯养爱玩，举俗呼之为鹖。吾曰："鹖出上党，数曾见之，色并黄黑，无驳杂也。故陈思王《鹖赋》云：'扬玄黄之劲羽。'"试检《说文》："鴋雀似鹖而青，出羌中。"《韵集》音介。此疑顿释。

【译文】

我在四川益州的时候，与几个人在一起闲坐，正好天初晴，阳光很明亮，我看见地上有些小小的光亮点，就问左右的人："这是什么东西？"有一蜀地的童仆靠近看了看，回答道："是豆逼。"我们听了不明白，我叫他拿过来，原来是小豆。我几乎问遍了蜀地的士人，为什么都把"粒"叫做"逼"，当时没有谁能解释这中间的道理。我就说："《三苍》、《说文》中，这个字就是'白'下加'匕'，都解释为'粒'，《通俗文》注音作方力反。"大家高兴地领悟了。

愍楚友婿的连襟窦如同从河州来，他在那边得到一只青色的鸟，驯养作为宠物，所有的人都称这只鸟为鹖。我说："鹖应是上党那边出产的，我曾经多次见过，它的羽毛的颜色全都是黄黑色，没有加杂其他的颜色。所以曹植的《鹖赋》说：'鹖扬起那黄黑色的劲翅。'"我试着翻检《说文》，上面说："鸠雀像鹖而毛色是青的，出产在羌中。"《韵集》的注音为"介"。这个疑问顿时就消除了。

【原文】

梁世有蔡朗者讳纯，既不涉学，遂呼莼为露葵。面墙之徒，递相仿效。承圣中，遣一士大夫聘齐，齐主客郎李恕问梁使曰："江南有露葵否？"答曰："露葵是莼，水乡所出。卿今食者绿葵菜耳。"李亦学问，但不测彼之深浅，乍闻无以核究。

思鲁等姨夫彭城刘灵，尝与吾坐，诸子侍焉。吾问儒行、敏行曰："凡字与咨议名同音者，其数多少，能尽识乎？"答曰："未之究也，请导示之。"吾曰："凡如此例，不预研检，忽见不识，误以问人，反为无赖所欺，不容易也。"因为说之，得五十许字。诸刘叹曰："不意乃尔！"若遂不知，亦为异事。

【译文】

梁朝有位叫蔡朗的忌讳"纯"字，他原本不爱学习，就把莼菜称为"露葵"。那些不学无术之徒，也就跟着盲目地仿效。承圣年间，朝廷派一位士大夫出使北齐，北齐的主客郎李恕在席间问这位梁朝的使臣说："江南有露葵吗？"使臣回答说："露葵就是莼菜，生在水中的，你现在吃的不是露葵，是绿葵菜。"李恕也是有学问的人，只是还不了解对方学问的深浅，猛一听这话也无法去核实推究。

思鲁等人的姨夫彭城的刘灵，曾经与我同坐闲谈，他的几个孩子在旁边陪侍。我问儒行、敏行兄弟道："凡与你们父亲名字同音的字，一共有多少？你们都能认识吗？"他们回答说："没有探究过这个问题，请大人开导指示。"我说："凡是像这一类的字，如果平时不预先翻检研究，忽然见到又不认识，错拿去问人，反而会被无赖所欺骗，所以是不可等闲视之的。"于是我就给他们解说这个问题，一共说出了五十多个字。刘灵的儿子们感叹道："想不到有这样多！"如果他们竟然一点都不了解，那也确实是怪事。

【原文】

校定书籍，亦何容易，自扬雄、刘向，方称此职耳。观天下书未遍，不得妄下雌黄。或彼以为非，此以为是；或本同末异；或两文皆欠，不可偏信一隅也。

【译文】

校订书籍，也不是容易的事情，只有扬雄、刘向才算得上称职。一个没有看遍全天下书籍的人，就不能妄加修改校订。不同的书籍中，有的这本以为不对，那本以为对；有的观点大同小异，有的两种说法都有偏颇，所以不能偏听偏信，倒向一边。

文　　章

【原文】

夫文章者，原出《五经》：诏、命、策、檄，生于《书》者也；序述论议，生于《易》者也；歌咏赋颂，生于《诗》者也；祭、祀、哀、诔，生于《礼》者也；书、奏、箴、铭，生于《春秋》者也。朝廷宪章，军旅誓诰，敷显仁义，发明功德，牧民建国，施用多途。至于陶冶性灵，从容讽谏，入其滋味，亦乐事也。行有余力，则可习之。然而自古文人，多陷轻薄：屈原露才扬己，显暴君过；宋玉体貌容冶，见遇俳优；东方曼倩，滑稽不雅；司马长卿，窃赀无操；王褒过章《僮约》；扬雄德败《美新》；李陵降辱夷虏；刘歆反覆莽世；傅毅党附权门；班固盗窃父史；赵元叔抗竦过度；冯敬通浮华摈压；马季长佞媚获诮；蔡伯喈同恶受诛；吴质诋忤乡里；曹植悖慢犯法；杜笃乞假无厌；路粹隘狭已甚；陈琳实号粗疏；繁钦性无检格；刘桢屈强输作；王粲率躁见嫌；孔融、祢衡诞傲致殒；杨修、丁廙，扇动取毙；阮籍无礼败俗；嵇康凌物凶终；傅玄忿斗免官；孙楚矜夸凌上；陆机犯顺履险；潘岳干没取危；颜延年负气摧黜；谢灵运空疏乱纪；王元长凶贼自诒；谢玄晖侮慢见及。凡此诸人，皆其翘秀者，不能悉记，大较如此。至于帝王，亦或未免。自昔天子而有才华者，惟汉武、魏太祖、文帝、明帝、宋孝武帝，皆负世议，非懿德之君也。自子游、子夏、荀况、孟轲、枚乘、贾谊、苏武、张衡、左思之俦，有盛名而免过患者，时复闻之，但其损败居多耳。每尝思之，原其所积，文章之体，标举兴会，发引性灵，使人矜伐，故忽于持操，果于进取。今世文士，此患弥切，一事惬当，一句清巧，神厉九霄，志凌千载，自吟自赏，不觉更有傍人。加以砂砾所伤，惨于矛戟，讽刺之祸，速乎风尘，深宜防虑，以保元吉。

【译文】

文章起源于《五经》：诏书、制命、对策、檄文之类的文章，起源于《尚书》；序、述、论、议等论说文章，起源于《易经》；诗、歌、辞、赋之类的文章，源于《诗经》；祭、祀、哀、诔之类的文章，产生于《礼记》；书、奏、箴、铭等文牍文体，起源于《春秋》。朝廷的宪章，军旅用的誓、诰，都是扬显仁义，彰明功德，治理民众，建设国家等方面，用途是很广泛的。至于用文章来陶冶性情，婉言劝谏，体味文章的妙趣，也是一件赏心乐事。生平行有余力，也可以学作文章。然而自古以来的文人，大多陷于轻浮。例如：屈原就爱显露才华，表现自己，公开暴露君主的过错；宋玉体态容貌艳冶出众，被人看作戏子；东方朔言行滑稽，不够庄重；司马相如图谋资财，没有操守；王褒的过失见于《僮约》；扬雄作《剧秦美新》赞美王莽而败坏了自己的德行；李陵辱没身份，投降匈奴；刘歆在王莽执政时摇摆不定；傅毅依附结党于权贵；班固剽窃父亲写的史书；赵壹过分恃才傲物；冯敬通华而不实遭排挤；马季长谄媚权贵而受人讥诮；蔡邕依附董卓而被杀；吴质

屈原　芈姓屈氏，名平，字原，中国战国末期楚国丹阳（今湖北秭归）人。中国最伟大的诗人之一。

横行霸道而触怒乡里；曹植傲慢无礼而触犯国法；杜笃向人借贷而不知满足；路粹心胸过于狭隘；陈琳粗疏狂放；繁钦生性不知检点；刘桢桀骜不驯被罚做苦役；王粲轻率浮躁而遭人厌恶；孔融、祢衡狂放傲慢因而被害；杨修、丁廙蛊惑生事而遭殃；阮籍不守礼节、败坏礼俗；嵇康傲视他人而不获善终；傅玄负气争吵而被免职；孙楚傲慢自负，而触怒上司；陆机违背正道，走上险路；潘岳非法侵吞官府资财，自取倾危；颜延年意气用事因而遭贬；谢灵运空放粗疏，违背法纪；王元长叛逆作乱，自己害了自己；谢朓轻侮怠慢他人而被害。以上这些人，都是文人中的杰出者，不能全记述，大抵都是这样。至于帝王中有文采的人，也在所不免。从古以来天子中有才华的人，只有汉武帝、魏太祖、魏文帝、魏明帝、宋孝武帝等。这些人都遭到世人的议论，都不是有美德的君主。至于像子游、子夏、荀况、孟轲、枚乘、贾谊、苏武、张衡、左思之类，有盛名而能免过祸患的，虽时有所闻，但他们大多经历了许多坎坷。我反复思考这件事，推究这种现象是怎样酿成的。大概是由于文章的功能在于表达作者的感受，抒发性灵，这容易使人恃才自负，疏忽操守，从而胆大妄为。现在的文人，这种弊病表现得更为明显。一件事办得恰当，一句话说得清新奇巧，就神飞九霄，趾高气扬，孤芳自赏，自我陶醉，旁若无人。再说，沙砾伤人比矛戟更厉害，讽刺别人招来的祸患比风雷来得更快，这真应当深深防虑，以保大吉大福。

【原文】

学问有利钝，文章有巧拙。钝学累功，不妨精熟；拙文研思，终归蚩鄙。但成学士，自足为人。必乏天才，勿强操笔。吾见世人，至无才思，自谓清华，流布丑拙，亦以众矣，江南号为詅痴符。近在并州，有一士族，好为可笑诗赋，誂擎邢、魏诸公，众共嘲弄，虚相赞说，便击牛酾酒，招延声誉。其妻，明鉴妇人也，泣而谏之。此人叹曰："才华不为妻子所容，何况行路！"至死不觉。自见之谓明，此诚难也。

学为文章，先谋亲友，得其评裁，知可施行，然后出手；慎勿师心自任，取笑旁人也。自古执笔为文者，何可胜言。然至于宏丽精华，不过数十篇耳。但使不失体裁。辞意可观，便称才士；要须动俗盖世，亦俟河之清耳！

【译文】

做学问有聪明和迟钝之别，写文章有灵巧与拙劣之分。迟钝的人研究学问，只要刻苦用功，也能达到精深熟练的水平；笨拙的人写文章，即使深思熟虑，终归鄙俗不堪。只要学问有成，就足以立世为人了。如果天生缺乏才气，就不要勉强提笔撰文。我见过世上的一些人，其实很没有才思，还自以为文笔清新华丽，将其拙劣的文章四处传扬，这样的人不算少了。江南称这种人为"诊痴符"。最近在并州，有一位士族，他喜欢写一些自以为诙谐诗赋，调侃邢公、魏公，大家都在嘲笑他，假意夸赞他的诗赋。于是他就宰牛筛酒宴请大家，想赢得更多的赞誉。他的妻子是个明白人，哭着劝他不要如此，他叹着气说："我的才华连妻子和儿子都不欣赏，更何况不相干的人呢？"至死都没有醒悟。人贵有自知之明，做到这一点实在是一件很难的事呀。

学写文章，应先和亲朋好友商量，得到他们的肯定，知道可以写作了，然后才动手；千万不能自以为是，被别人所取笑。自古以来执笔写文章的人数不胜数，然而达到气势宏伟、华丽精当的文章不过数十篇而已。写的文章只要不违背结构体裁，辞意还可观，就可以称作才士了。真要使自己的文章惊动流俗，压倒当世，怕也只有等到黄河变清的那一天才有可能吧！。

【原文】

不屈二姓，夷、齐之节也；何事非君，伊、箕之义也。自春秋已来，家有奔亡，国有吞灭，君臣固无常分矣；然而君子之交绝无恶声，一旦屈膝而事人，岂以存亡而改虑？陈孔璋居袁裁书，则呼操为豺狼；在魏制檄，则目绍为蛇虺。在时君所命，不得自专，然亦文人之巨患也，当务从容消息之。

或问扬雄曰："吾子少而好赋。"雄曰："然。童子雕虫篆刻，壮夫不为也。"余窃非之曰：虞舜歌《南风》之诗，周公作《鸱鸮》之咏，吉甫、史克《雅》、《颂》之美者，未闻皆在幼年累德也。孔子曰："不学《诗》，无以言。""自卫返鲁，乐正，《雅》、《颂》各得其所"。大明孝道，引《诗》证之。扬雄安敢忽之也？若论"诗人之赋丽以则，辞人之赋丽以淫"，但知变之而已，又未知雄自为壮夫何如也？著《剧秦美新》，妄投于阁，周章怖慑，不达天命，童子为耳。桓谭以胜老子，葛洪以方仲尼，使人叹息。此人直以晓算数，解阴阳，故著《太玄经》，数子为所惑耳；其遗言余行，孙卿、屈原之不及，安敢望大圣之清尘？且《太玄》今竟何用乎？不啻覆酱瓿而已。

【译文】

不屈身侍奉二姓的君主，这是伯夷、叔齐的节操；和他们相反，可以侍奉无道的君主，这是伊尹、箕子的原则。可是自从春秋以来，大夫和诸侯的国和家都有变动灭亡被吞并的，君臣之间没有固定的名分。然而，君子之间一旦绝交，绝不互相辱骂。君臣一旦分手，臣子已经屈膝奉事别的君王了，怎么能因故国的存亡而改变对故君的态度呢？陈琳在袁绍手下为袁绍撰文，就骂曹操是豺狼；后来在曹操麾下为曹操起草檄文，就骂袁绍是蛇虺。当然这是受命于君王，身不由己。然而这也是文人的大病，应当慎重对待不可轻率的。

叔齐　名致，字公达，谥齐，后人称之为叔齐。因耻食周粟，饿死首阳山。

有人问扬雄说："你从小就喜欢作赋吗？"扬雄回答说："是的。这不过是小时候的雕虫小技，成年人是不屑于作赋的。"我个人是不同意这种说法的；虞舜所作的《南风》，周公所作的《鸱鸮》，尹吉甫、史克所作的《雅》、《颂》等诗，没听说这些都是他们在小时候写的，因而损伤他们成为圣人贤人。孔子说："不学诗就不善辞令。""我从卫国回到鲁国，便开始整理乐章，将《雅》、《颂》的诗篇明确归类，各得其所。"孔子宏扬孝道，引用《诗经》为证，扬雄怎么敢于轻视这样的诗赋呢？就他所说"古人诗赋美丽而可供效法，今人的诗赋华艳而过分荒唐"。这只是诗人到辞人的变化而已，我不知道扬雄成年时都写了些什么。他那本向王莽讨好的《剧秦美新》，害得自己胡乱地从天禄阁上往下跳，整日惊慌失措，恐惧不安，一个人不达天命，这才真是小孩子的所为啊！"桓谭认为扬雄胜过老子，葛洪认为扬雄可以与孔子相提并论，这种见解让人感到遗憾。这个扬雄只不过是通晓术数，善解阴阳而写了一部《太玄经》，有些人就被他迷惑了。他一生的所作所为，赶不上荀子、屈原，怎么能步大圣人的后尘呢？再说《太玄经》现在看来又有什么价值呢？也只能用来盖盖酱瓿而已。

【原文】

齐世有席毗者，清干之士，官至行台尚书，嗤鄙文学，嘲刘逖云："君辈辞藻，譬若荣华，须臾之玩，非宏才也；岂比吾徒千丈松树，常有风霜，不可凋悴矣！”刘应之曰：“既有寒木，又发春华，何如也？”席笑曰：“可哉！”

凡为文章，犹人乘骐骥，虽有逸气，当以衔勒制之，勿使流乱轨躅，放意填坑岸也。

文章当以理致为心肾，气调为筋骨，事义为皮肤，华丽为冠冕。今世相承，趋末弃本，率多浮艳。辞与理竞，辞胜而理伏；事与才争，事繁而才损。放逸者流宕而忘归，穿凿者补缀而不足。时俗如此，安能独违？但务去泰去甚耳。必有盛才重誉，改革体裁者，实吾所希。

【译文】

齐朝有个人叫席毗，是位清廉能干之士，官至行台尚书。他瞧不起文学，就嘲笑刘逖道：“你们这类人卖弄辞藻就像花草一样，只能供人短时间的欣赏，不是栋梁之材；怎么能比得上我这样的千丈松树，常遇风霜而不凋零”刘逖回答说：“如果既是栋梁之材，又能表现出如春花般的才情，怎么样？”席毗笑了笑说：“那当然好啊！”

一般来讲，写文章好比人乘快马，虽然有一种飘逸之气，却仍要勒紧缰绳，有所约束，不要让它放任自流，随意乱跑，以至于坠入沟壑。

文章应该以义理、情致为心肾，以气韵、才调为筋骨，以叙事、用典为皮肤，以华丽辞藻为冠冕。现在世代相承的文风，则舍本逐末，多是写浮艳的文字，言辞与义理相争，突出文辞，掩盖义理；叙事与才调相争，则用事繁复而才思受损，好放逸的人写起来就行为放荡而忘其主旨；穿凿拘泥的，则东修西补，文意不通；现在的时世崇尚如此，个人怎么能独自违背呢？只是去掉太过分的就行了。一定要有一位才华横溢、有崇高声誉的人出来改变这种文风，这实在是我所期望的。

【原文】

古人之文，宏才逸气，体度风格，去今实远；但辑缀疏朴，未为密致耳。今世音律谐靡，章句偶对，讳避精详，贤于往昔多矣。宜以古之制裁为本，今之辞调为末，并须两存，不可偏弃也。

吾家世文章，甚为典正，不从流俗；梁孝元在蕃邸时，撰《西府新文》，讫无一篇见录者，亦以不偶于世，无郑、卫之音故也。有诗赋铭诔书表启疏二十卷，吾兄弟始在草土，并未得编次，便遭火荡尽，竟不传于世。衔酷茹恨，彻于心髓！操行见于《梁史·文士传》及孝元《怀旧志》。

【译文】

古人的文章，才气之宏伟放逸，还有体度风格方面，都远胜于今人的文章。只是在用词遣句、过渡勾连等方面有些粗疏质朴，于是文章就显得不够精致细密。现在的文章，音律和谐华丽，辞句骈偶对称，该避讳的地方也精细周详地考虑到，这些方面比过去好得多了。应该以古文的体制为根本，以今人的文辞音调作补充。二者并存，不可偏废。

我先父的文章，很是典雅纯正，不随世俗。梁朝孝元帝早年在湘东王府的时候，辑录《西府新文》，先父的文章一篇也没被收录。其原因也就是这些文章与潮流不合，没有那种浮艳的文风。先人的文集共二十卷，其中收有诗歌、辞赋、铭文、诔文、上书、奏章、启事等。我们兄弟在服丧期间，还没有来得及将文集加以编辑整理，就遭逢火灾，最终没有能让它流传于世，真叫人痛心，这是永远无法弥补的遗憾。父亲的操守品行，在《梁史·文士传》和梁元帝的《怀旧志》中都有记载。

【原文】

沈隐侯曰："文章当从三易：易见事，一也；易识字，二也；易读诵，三也。"邢子才常曰："沈侯文章，用事不使人觉，若胸臆语也。"深以此服之。祖孝徵亦尝谓吾曰："沈诗云：'崖倾护石髓。'此岂似用事邪？"

邢子才、魏收俱有重名，时俗准的，以为师匠。邢赏服沈约而轻任昉，魏爱慕任昉而毁沈约，每于谈谦，辞色以之。邺下纷纭，各有朋党。祖孝徵尝谓吾曰："任、沈之是非，乃邢、魏之优劣也。"

《吴均集》有《破镜赋》。昔者，邑号朝歌，颜渊不舍；里名胜母，曾子敛襟：盖忌夫恶名之伤实也。破镜乃凶逆之兽，事见《汉书》，为文幸避此名也。比世往

往见有和人诗者，题云敬同，《孝经》云："资于事父以事君而敬同。"不可轻言也。梁世费旭诗云："不知是耶非。"殷沄诗云："飖飏云母舟。"简文曰："旭既不识其父，沄又飖飏其母。"此虽悉古事，不可用也。世人或有文章引《诗》："伐鼓渊渊"者，《宋书》已有屡游之诮；如此流比，幸须避之。北面事亲，别舅摛《渭阳》之咏；堂上养老，送兄赋桓山之悲，皆大失也。举此一隅，触涂宜慎。

【译文】

文章当从三易：易见事，一也；易识字，二也；易读诵，三也。

沈约说："文章应该遵循'三易'的原则：一是用典让人明白易懂，二是文字容易让人识认，三是让人易于诵读记忆。"邢子才常说："沈约的文章，用典使人察觉不出，就好像直抒胸臆一般。"这一点让人非常佩服。祖孝徵也曾对我说："沈约的诗说'崖倾护石髓'，这句话像是在用典吗？"

邢子才、魏收都很有名望，当时的人都以他们为标准，以他们为宗师。邢子才欣赏佩服沈约，而轻视任昉，魏收爱戴钦佩任昉而诋毁沈约，他俩常在宴饮聚会时争论得面红耳赤。邺都的人对此也众说纷纭，各处形成宗派。祖孝徵曾对我说："任昉、沈约谁是谁非，只要看一看邢子才、魏收二人，谁优谁劣就知道了。"

《吴均集》中有篇《破镜赋》。从前有个城邑名叫朝歌，颜渊因为不崇尚音乐，就不在这里落脚；有个乡里名叫胜母，曾子讲究孝道，就不愿走过那里。这都是因为讨厌其丑恶的名称会玷污了自己的德行。"破镜"是一种凶恶而暴逆的野兽，《汉书》中有明确记载，作文章最好避免写到这名称。近代往往见到有人奉和别人的诗作，题为"敬同"，《孝经》里说："资于事父以事君而敬同。"因而，不能随意用"敬同"这个词。梁世费旭的诗中说："不知是耶非。"殷沄的诗中说："飘摇云母舟。"简文帝则说："费旭居然不认识他的父亲，殷沄居然让他母亲飘荡。"这些虽然都是过去的事，但现在的人也要注意避讳。世人不识反语的忌讳，在文章中引用《诗经》"伐鼓渊渊"的诗句，《宋书》中曾讥讽这种无知的人。这一类毛病，希望也要避免。尚在侍奉母亲与舅舅告别时，却抒发《渭阳》丧母别舅的感叹；双亲健在，送别兄长时，却表达《恒山》所吟唱父死卖儿的悲哀，这些都是大大的过失。举这些例子，你们就可以触类旁通，举一反三，处处都应该慎重。

【原文】

江南文制，欲人弹射，知有病累，随即改之，陈王得之于丁廙也。山东风俗，不通击难。吾初入邺，遂尝以此忤人，至今为悔，汝曹必无轻议也。

凡代人为文，皆作彼语，理宜然矣。至于哀伤凶祸之辞，不可辄代。蔡邕为胡金盈作《母灵表颂》曰："悲母氏之不永，然委我而夙丧"，又为胡颢作其父铭曰："葬我考议郎君。"《袁三公颂》曰："猗欤我祖，出自有妫。"王粲为潘文则《思亲诗》云："躬此劳悴，鞠予小人；庶我显妣，克保遐年。"而并载乎邕、粲之集，此例甚众。古人之所行，今世以为讳。陈思王《武帝诔》，遂深永蛰之为思；潘岳《悼亡赋》，乃怆手泽之遗：是方父于虫，匹妇于考也。蔡邕《杨秉碑》云："统大麓之重。"潘尼《赠卢景宣诗》云："九五思龙飞。"孙楚《王骠骑诔》云："奄忽登遐。"陆机《父诔》云："亿兆宅心，敦叙百揆。"《姊诔》云："俔天之和。"今为此言，则朝廷之罪人也。王粲《赠杨德祖诗》云："我君饯之，其乐洩洩。"不可妄施人子，况储君乎？

【译文】

江南人写好文章以后，希望有人批评指责，知道有不妥的地方就及时改正。陈思王曹植就为丁廙修改文章。山东人的风俗，就不通行这种做法。我刚到邺都的时候，就曾经因为批评别人的文章而得罪人，如今还为这事感到后悔。你们千万不要轻率地议论别人的文章。

凡是代替别人写文章，都要用他的口气，这是很自然的。因而表现哀伤凶祸内容的文章，不能随便替人代笔。蔡邕为胡金盈作《母灵表颂》，文中写道："悲母氏之不永，然委我而夙丧。"又为胡颢代笔替他父亲写墓志铭说："葬我考议郎君。"还有《袁三公颂》中说："猗欤我祖，出自有妫。"王粲替潘文则写的《思亲诗》说："躬此劳悴，鞠予小人；庶我显妣，克保遐年。"这几篇文章都收集在蔡邕、王粲的文集里，这种例子是很多的。古人的这种做法，在现在的人看来就是犯了忌讳。陈思王曹植的《武帝诔》，表达了对亡父的怀念之情，却用了"永蛰"一词；潘岳的《悼亡赋》甚至用"手泽"一词表达看到妻子遗物引起的悲怆。前者是将父亲比作永远冬眠的虫子，后者以悼念双亲的语言来悼念亡妻。蔡邕的《杨秉碑》说:“统大麓之重。”潘尼的《赠卢景宣诗》说:“九五思龙飞”,孙楚的《王骠骑诔》说:“奄匆登遐”,陆机的《父诔》中有“亿兆宅心,敦叙百揆”一语,《姊诔》中有“伣天之和”,这些只能用在君王身上的词语,今人若用这些,那就是大逆不道了。王粲的《赠杨德祖诗》说:“我君饯之,其乐洩洩”,这句表示母子重新和好的话,是不能随便妄用于一般人的儿女的,何况对太子呢?

【原文】

挽歌辞者,或云古者《虞殡》之歌,或云出自田横之客,皆为生者悼往告哀之意。陆平原多为死人自叹之言,诗格既无此例,又乖制作本意。

凡诗人之作,刺箴美颂,各有源流,未尝混杂,善恶同篇也。陆机为《齐讴篇》,前叙山川物产风教之盛,后章忽鄙山川之情,殊失厥体。其为《吴趋行》,何不陈子光、夫差乎?《京洛行》,胡不述赧王、灵帝乎?

【译文】

挽歌的起源,有的说是因古时《虞殡》传下的,有的人认为出自田横的门客,总之都是活人悼念死者抒发哀情的意思。陆机经常用死者自称的口吻作挽歌,挽歌的格式中没有这个先例,也背离了写作的本意。

诗人创作的诗歌,有讥讽的、针砭的、歌颂的、赞美的,都各有源流,从来没有将贬恶扬善的内容混杂在同一篇诗中。陆机的《齐讴篇》,诗的前半部是赞颂当地的山川物产,风俗教化之类,后半部分忽然又冒出了鄙薄山川的情绪,使诗作丧失了完整的体例。他写《吴趋行》,讲吴地的美,为何不把公子光、夫差的事也说一说呢?写《京洛行》,为什么不把周赧王、汉灵帝的事也写一写呢?

【原文】

自古宏才博学,用事误者有矣;百家杂说,或有不同,书傥湮灭,后人不见,故未敢轻议之。今指知决纰缪者,略举一两端以为诫。《诗》云:“有鷕雉鸣。”又曰:“雉鸣求其牡。”《毛传》亦曰:“鷕,雌雉声。”又云:“雉之朝雊,尚求其雌。”郑玄注《月令》亦云:“雊,雄雉鸣。”潘岳赋曰：“雉鷕鷕以朝雊。”是则混杂其雄雌矣。《诗》云：“孔怀兄弟。”孔，甚也；怀，思也，言甚可思也。陆机《与长沙顾母书》，述从祖弟士璜死，乃言：“痛心拔脑，有如孔怀。”心既痛矣，即为甚思，何故方言有如也。观其此意，当谓亲兄弟为孔怀。《诗》云：“父母孔迩。”而呼二亲为孔迩，于义通乎？《异物志》云：“拥剑状如蟹，但一螯偏大尔。”何逊诗云：“跃鱼如拥剑。”是不分鱼蟹也。《汉书》：“御史府中列柏树，常有野鸟数千，栖宿其上，晨去暮来，号朝夕鸟。”而文士往往误作乌鸢用之。《抱朴子》说项曼都诈称得仙，自云：“仙人以流霞一杯与我饮之，辄不饥渴。”而简文诗云：“霞流抱朴碗。”亦犹郭象以惠施之辨为庄周言也。《后汉书》：“囚司徒崔烈以锒铛锁。”锒铛，大锁也；世间多误作金银字。武烈太子亦是数千卷学士，尝作诗云：“银锳三公脚，刀撞仆射头。”为俗所误。

【译文】

自古以来，那些才华横溢、博学多识的人用典出错的事是有的；诸子百家对同一件事的看法，有时也不一样，加上许多典籍已经湮没，后人没能看到原书，所以我不敢妄加议论认为他错。现在只指出确实出现的差错，略举几个例子为你们提供借鉴。《诗经·邶风·匏有苦叶》中有诗句“有鷕雉鸣”，又有“雉鸣求其牡”的诗句。《毛诗传》解释说：“鷕，是雌雉的鸣叫声。”又说：“雄的早上鸣叫，是寻求雌性配偶。”郑玄注疏《礼记·月令》也说：“雊，是雄雉的鸣叫。”而潘岳的《射雉赋》说：“雉鷕鷕以朝雊。”这显然混淆了雄雌。《诗经·小雅·棠棣》有诗句“孔怀兄弟”，孔，是非常的意思，怀，是思念的意思。这是讲其可思。而陆机的《与长沙顾母书》记述了同曾祖的弟弟陆士璜之死，却说：“痛心拔脑，有如孔怀。”心中非常悲痛，就是非常想念，为什么还要加上“有如”两个字呢？推究陆机的原意，应该是他误将“孔怀”理解为“亲兄弟”的意思了。《诗经·周南·汝坟》有诗句“父母孔迩”，若按照陆机的理解，那

么将父母称作“孔尔”，义理上还能说得通么？《异物志》说：“拥剑的形状就像蟹，只是有一只钳子格外的大。”而何逊的诗中说：“跃鱼如拥剑。”这是将鱼与蟹不分。《汉书·朱博传》说：“御史府中排列着一行柏树，常有数千只野鸟栖息在上面。早上飞走了，傍晚又飞回来，因而称之为朝夕鸟。”而文人们都将“鸟”字误当“乌鸢”的“乌”字来用了。《抱朴子》说：“项曼都诈称得仙，自己说仙人拿了一杯流露给我喝，我就不觉得饥渴。”简文帝的诗中就说：“霞流抱朴碗。”把项曼都的事记在抱朴子名下，这就像郭象把惠施等人的言说记到庄周名下一样了。《后汉书·崔传》说：“用‘银铛’将司徒崔烈铐锁起来。”银铛，就是大的铁锁链；世人多把银铛的“锒”字当作金银的“银”字来用。武烈太子，也是个读书万卷的学者，他曾作诗说：“银锁三公脚，刀撞仆射头。”也是被俗流影响而错的。

【原文】

文章地理，必须惬当。梁简文《雁门太守行》乃云：“鹅军攻日逐，燕骑荡康居；大宛归善马，小月送降书。”萧子晖《陇头水》云：“天寒陇水急，散漫俱分泻；北注徂黄龙，东流会白马。”此亦明珠之颣，美玉之瑕，宜慎之。

【译文】

文章中地理位置的记述，一定要符合实际。梁代简文帝写的《雁门太守行》就说：“鹅军攻日逐，燕骑荡康居；大宛归善马，小月送降书。”把匈奴日逐王与康居、大宛、小月氏这些互不相干的事都扯到“雁门郡”来了，这真是风马牛不相及。萧子晖的《陇头水》说：“天寒陇水急，散漫俱分泻；北注徂黄龙，东流会白马。”黄龙在漠北，白马在河南，与陇水毫不相干。这类错误算是明珠中的斑点，美玉里的微瑕，应该要慎重对待。

【原文】

王籍《入若耶溪》诗云：“蝉噪林逾静，鸟鸣山更幽。”江南以为文外断绝，物无异议。简文吟咏，不能忘之，孝元讽味，以为不可复得，至《怀旧志》载于《籍传》。范阳卢询祖，邺下才俊，乃言：“此不成语，何事于能？”魏收亦然其论。《诗》云：“萧萧马鸣，悠悠旆旌。”毛《传》曰：“言不喧哗也。”吾每叹此解有情致，籍诗生于此耳。

兰陵萧悫，梁室上黄侯之子，工于篇什。尝有《秋诗》云：“芙蓉露下落，杨柳月中疏。”时人未之赏也。吾爱其萧散，宛然在目。颍川荀仲举、琅邪诸葛汉，亦以为尔。而卢思道之徒，雅所不惬。

何逊诗实为清巧，多形似之言；扬都论者，恨其每病苦辛，饶贫寒气，不及刘孝绰之雍容也。虽然，刘甚忌之，平生诵何诗，常云：“‘蘧车响北阙，’ 懂懂不道车。”又撰《诗苑》，止取何两篇，时人讥其不广。刘孝绰当时既有重名，无所与让；惟服谢朓，常以谢诗置几案间，动静辄讽味。简文爱陶渊明文，亦复如此。江南语曰：“梁有三何，子朗最多。”三何者，逊及思澄、子朗也。子朗信饶清巧。思澄游庐山，每有佳篇，亦为冠绝。

【译文】

王籍的《入若耶溪》诗说：“蝉噪林逾静，鸟鸣山更幽。”江南人认为这首诗是独一无二的佳作，没有人对此有异议。简文帝吟诵后，不能忘怀。孝元帝常诵读品味，认为此作不可多得，以至于在《怀旧志》中还将这首诗收入《王籍传》。范阳的卢询祖是邺下有名的才子，他说：“这一联诗中上下句语意重复，看不出作者有什么才能。”魏收也赞同他的观点。《诗经·小雅·车攻》中有诗句“萧萧马鸣，悠悠旆旌”。《毛诗传》说：“这句诗是表现幽静肃穆气氛的。”我非常叹服这个见解，觉得他解释得很有情致。王籍的诗句是受了《诗经》的启发。

兰陵的萧悫，是梁朝皇室上黄侯的儿子，擅长写诗写文。曾有一首《秋诗》中写道：“芙蓉露下落，杨柳月中疏。”并未特别获得人们的好评。我喜欢这句诗散淡飘逸的风格，所描绘的景象宛然在目。颍川荀仲举，琅琊诸葛汉，也是这样认为。而卢思道之类的人就不欣赏这句诗。

何逊的诗，确实可以称得上清新奇巧，多有形象生动之语。而扬都的评论者常批评他的诗过于做作，用心太苦，多了些衰冷萧瑟之气，不如刘孝绰的诗显得那么雍容闲和。即使这样，刘孝绰还是很嫉妒他，平时朗诵何逊的诗时，常用“‘蘧车响北阙’，懂懂不道车”来讥讽他。他所撰写的《诗苑》中，只收录两首何逊的诗，当时的人都讥讽他不够大度。刘孝绰当时已经是很有名望了，没有什么谦让可言，他只佩服谢朓，常将谢朓的诗放在桌上，时常讽诵玩味。简文帝喜爱陶渊明的诗文，也常常这么做。江南俗语说："梁朝有三何，子郎最有才气。"三何就是指何逊、何思澄、何子朗。何子朗的诗文确实是清新奇巧。何思澄游览庐山，常写出佳作，也是冠绝一时的人物。

名　实

【原文】

名之与实，犹形之与影也。德艺周厚，则名必善焉；容色姝丽，则影必美焉。今不修身而求令名于世者，犹貌甚恶而责妍影于镜也。上士忘名，中士立名，下士窃名。忘名者，体道合德，享鬼神之福佑，非所以求名也；立名者，修身慎行，惧荣观之不显，非所以让名也；窃名者，厚貌深奸，干浮华之虚称，非所以得名也。

人足所履，不过数寸，然而咫尺之途，必颠蹶于崖岸，拱把之梁，每沉溺于川谷者，何哉？为其旁无余地故也。君子之立己，抑亦如之。至诚之言，人未能信，至洁之行，物或致疑，皆由言行声名，无余地也。吾每为人所毁，常以此自责。若能开方轨之路，广造舟之航，则仲由之言信，重于登坛之盟，赵熹之降城，贤于折冲之将矣。

【译文】

名声与实质，就像形体与影子的关系一样。德才兼备的人，那名声一定好了，这正像相貌秀丽的人，镜中的影像一定美一样。如今有人既不修身养性，又想在世上追求美名，这就好像容貌丑陋的人，却要求镜中映出美丽的影子一样。德性最好的人忘名，其次的立名，最下的窃名。遗弃身外之名的人，内心领会了"道"，行为符合了"德"，受到鬼神的福佑而获得美名，这并不是靠追求而得到的；希求树立名声的人，注意修身养性、谨慎行事，担心自己的荣誉名声得不到显扬，他们对名声是不会谦让的；盗取名声的人，貌似忠厚，实则奸诈狡猾，他们追求浮华的虚名，并不能获得真正的名声。

人的脚所踩踏的地方，不过几寸的范围，然而，人在短短的路途中，常常在山崖堤岸上失足跌落；如果桥梁只由一根拱把的木头造成，人也常会沉到水中去，这是什么缘故呢？是因为脚边没有余地。君子立身行事，大概就和这种情况一样。一个人最真诚的话语，人们不一定信他，最纯洁的行为，人们或许还会怀疑他。这都是由于人的言行、名声没有余地造成的。我每次遭到别人诋毁，都常常这么责备自己。如果有开辟两车并行的大道，架设数船相连的大桥，这样阔大的胸襟，那么就能像仲由一样，说话真实可信，胜过设坛盟誓，像赵熹那样劝降敌城，胜过冲锋陷阵的猛将。

名之与实，
犹形之与影也。

【原文】

吾见世人，清名登而金贝入，信誉显而然诺亏，不知后之矛戟，毁前之干橹也。虙之贱云："诚于此者形于彼。"人之虚实真伪在乎心，无不见乎迹，但察之未熟耳。一为察之所鉴，巧伪不如拙诚，承之以羞大矣。伯石让卿，王莽辞政，当于尔时，自以巧密；后人书之，留传万代，可为骨寒毛竖也。近有大贵，以孝著声，前后居丧，哀毁逾制，亦足以高于人矣。而尝于苫块之中，以巴豆涂脸，遂使成疮，表哭泣之过。左右僮竖，不能掩之，益使外人谓其居处饮食，皆为不信。以一伪丧百诚者，乃贪名不已故也。

有一士族，读书不过二三百卷，天才钝拙，而家世殷厚，雅自矜持，多以酒犊珍玩，交诸名士，甘其饵者，递共吹嘘。朝廷以为文华，亦尝出境聘。东莱王韩晋明笃好文学，疑彼制作多非机杼，遂设宴言，面相讨试。竟日欢谐，辞人满席，属音赋韵，命笔为诗，彼造次即成，了非向韵。众客各自沉吟，遂无觉者。韩退叹曰："果如所量！"韩又尝问曰："玉珽杼上终葵首，当作何形？"乃答云："珽头曲圜，势如葵叶耳。"韩既有学，忍笑为吾说之。

治点子弟文章，以为声价，大弊事也。一则不可常继，终露其情；二则学者有凭，益不精励。

【译文】

我见过世上有些人，有清廉之名之后便寻钱纳财，信誉显露之后就不再信守诺言，不知道后者的戈戟可以刺穿前者的盾牌。子贱说过："内心的诚意，总会从外表显露出来。"人的虚伪或真诚，虽然藏在内心，但在言行中总会显露出来。只是一般的人没有仔细观察罢了。只要留心考察鉴别，再巧妙的伪装总不如实实在在的拙诚，虚伪的人终究要受到极大的羞辱。伯石假意谦让卿相之职，王莽假意辞去大司马之职，当时，他们都自以为伪装得很巧妙周密；但后人看得清楚，记载下来流传后世，让人读后为之毛骨悚然。近来有个显贵，因为遵行孝道而闻名，他前后两次服丧，都由于悲伤过度伤了身体。他的孝行确实是超乎常人。然而，在居丧期间，他曾经用巴豆涂在脸上，使脸上生成小疮，使人看了以为他哭泣得十分悲伤。没想到他的仆人不能为他保密，反而使人们对他在服丧时饮食起居所表现出来的苦行，都产生了怀疑。因为一次作假而毁了一百次的真诚，这是由于贪得无厌地追求虚荣所造成的。

有一位士族，只读了二三百卷的书，天生鲁钝笨拙。但家中有钱，向来装出矜持的样子，常常宰牛备酒，用珍贵的赏玩之物结交名流雅士，那些喜欢他的东西的人，就一起吹捧他。朝廷以为他真的很有才学，曾任命他作为使节出访齐国。北齐东莱王韩晋明很喜欢文学，怀疑这位士族的诗文不是他自己写的，特设诗酒宴想当面试试他的才学。聚会宴饮那一天，气氛欢洽和谐，文人雅士济济一堂，大家即席赋诗，互相唱和。这位士族也很快赋诗一首，可是，他的诗完全不同于往昔作品的韵味。好在客人们各自在沉思吟味，没人看出其中的异常。事后，韩晋明感叹地说："果然不出所料！"韩晋明还曾经问过他："玉珽的上部像终葵，它到底是什么形状的呢？"他回答说："玉珽的上部是圆形的，形状像葵叶一样。"韩晋是学识渊博的人，他忍着笑与我说起这件事。

为自己的子弟修改润色文章，用这样的办法来抬高他们的声价，这是最糟糕的事。一是因为这种事不可能长久持续下去，终有暴露真相的时候；二是因为正在求学的子弟一旦有了依靠，就不想勤奋用功了。

【原文】

邺下有一少年，出为襄国令，颇为勉笃。公事经怀，每加抚恤，以求声誉。凡遣兵役，握手送离，或赍梨枣饼饵，人人赠别，云："上命相烦，情所不忍；道路饥渴，以此见思。”民庶称之，不容于口。及迁为泗州别驾，此费日广，不可常周，一有伪情，触涂难继，功绩遂损败矣。

或问曰：“夫神灭形消，遗声余价，亦犹蝉壳蛇皮，兽迒鸟迹耳，何预于死者，而圣人以为名教乎？”对曰：“劝也，劝其立名，则获其实。且劝一伯夷，而千万人立清风矣；劝一季札，而千万人立仁风矣；劝一柳下惠，而千万人立贞风矣；劝一史鱼，而千万人立直风矣。故圣人欲其鱼鳞凤翼，杂沓参差，不绝于世，岂不弘哉？四海悠悠，皆慕名者，盖因其情而致其善耳。抑又论之，祖考之嘉名美誉，亦子孙之冕服墙宇也，自古及今，获其庇荫者亦众矣。夫修善立名者，亦犹筑室树果，生则获其利，死则遗其泽。世之汲汲者，不达此意，若其与魂爽俱升，松柏偕茂者，惑矣哉！”

【译文】

邺都的一位年轻人，但任襄国县令，颇为勤勉笃实。他对公事用心尽力，常常抚慰救济百姓，以此来求得声誉。凡是有人去服役，他总是亲自送行，还赠送梨枣糕饼，与他们一一告别，说：“这是上面交下来的任务，麻烦你们去，我实在不忍心；怕你们路上饥渴，这些东西以表寸心。”当地民众对他赞不绝口。后来他升任泗州别驾，这方面的花费越来越多，不可能总是做得面面俱到，一旦偶有弄虚作假，就无法维持原来的名声，过去的功绩也就随之而毁败了。

有的人问我说：“人死了以后，精神与形体都消失了，留下的名声就像蝉的脱壳，蛇的脱皮，像走兽飞鸟留下的蹄痕爪印罢了，这与死去的人已毫不相干，圣人为什么还要以此来作为教化的内容呢？”我回答说：“这是为了勉励世人呀，勉励大家建立好的名声，并做到名副其实。劝勉人们效法伯夷，如果千万个人都这样做了的话，就会形成清白的风气；劝勉人们效法季札，如果千万个人都这样做了的话，就会形成仁慈的风气；劝勉人们效法柳下惠，如果千万个人都这样做了的话，就会形成坚贞的风气；劝勉人们效法史鱼，如果千万个人都这样做了的话，就会形成正直的风气。所以圣人希望世人能将各种各样的典型，世世代代延续下去，

伯夷　为商末孤竹君之长子，姓墨胎氏。名允，字公信，谥夷，后人称之为伯夷。

这岂不是发扬光大了名人的精神吗？芸芸众生都爱慕名声，要根据人的这种特性来诱导他们走上正道。再说，这祖先的好名声，对于子孙来说就像好衣服好房子一样，从古至今，得到这种庇荫的人很多。行善树立美名，也就像盖房子、种果树一样，生前就得到好处，死后还能造福后代。世上急功好利的人，不了解这些精神，以为人的魂魄与精神同生同灭，就像松树与柏树同枯同茂一样，是多么糊涂啊！

涉　务

【原文】

士君子之处世，贵能有益于物耳，不徒高谈虚论，左琴右书，以费人君禄位也。国之用材，大较不过六事：一则朝廷之臣，取其鉴达治体，经纶博雅；二则文史之臣，取其著述宪章，不忘前古；三则军旅之臣，取其断绝有谋，强干习事；四则藩屏之臣，取其明练风俗，清白爱民；五则使命之臣，取其识变从宜，不辱君命；六则兴造之臣，取其程功节费，开略有术，此则皆勤学守行者所能辨也。人性有长短，岂责具美于六涂哉？但当皆晓指趣，能守一职，便无愧耳。

【译文】

士君子为人处世，要以有益于人为贵，而不只是高谈阔论，弹琴练字，以此耗费人君的俸禄。国家选用人才，大体上不外乎以下六种：第一种是朝廷的官吏，这种要他通晓国家的体制纲要，经伦满腹，博学雅正；第二种是负责文书记事的官吏，选用擅长撰写典章制度，能记取历史教训的人才；第三种是军队中的官吏，这要求他有决断有谋略，坚强有力，对军旅熟悉；第四种是负责地方的官吏，要选用熟悉社会风俗，廉洁清正，爱护百姓的人才；每五种是奉命出使的官吏，要选用能随机应变，不辜负君主使命的人才；第六种是负责土木建筑的官吏，选用办事效率高，勤俭节约，反应敏捷的人才。这些都是勤奋好学，有操守德行的人才能做到的。人各有长处与短处，难道要求一个人在这六方面都完美无缺吗？只要能晓畅工作的宗旨，忠实于自己的职守，也就问心无愧了。

【原文】

吾见世中文学之士，品藻古今，若指诸掌，及有试用，多无所堪。居承平之世，不知有丧乱之祸；处庙堂之下，不知有战陈之急；保俸禄之资，不知有耕稼之苦；肆吏民之上，不知有劳役之勤，故难可以应世经务也。晋朝南渡，优借士族；故江南冠带，有才干者，擢为令仆已下，尚书郎中书舍人已上，典章机要。其余文义之士，多迂诞浮华，不涉世务。纤微过失，又惜行捶楚，所以处于清高，盖护其短也。至于台阁令史，主书监帅，诸王签省，并晓习吏用，济办时须，纵有小人之态，皆可鞭杖肃督，故多见委使，盖用其长也。人每不自量，举世怨梁武帝父子爱小人而疏士大夫，此亦眼不能见其睫耳。

【译文】

我见过有些舞文弄墨的人，谈古论今就像指点掌中之物一般，但是真要办实事，却大多显得无能为力。他们处在太平盛世，不知道丧国乱民的祸患；在朝廷里当官，不知道战争攻伐的急迫；俸禄有保证，不知道耕田种地的劳苦；地位处在吏民之上，不知道劳役的辛苦。所以很难让他们来应付经办的事务。晋朝南渡之后，朝廷优待士族，有才干的江南士人，就能提升到尚书令，左右仆射以下，尚书郎、中书舍人以上的官职，掌管机要。而其他那些只会舞文弄墨的士人，大多迂阔荒诞，华而不实，不会处理事务；如果有了一些过失，也不好施以杖责，所以只好将他们安排在清闲的职位上，这就是庇护他们的短处。那些台阁令史，主书监帅，各个王府、军府的签帅、省事等中下级官吏，都熟悉官吏事务，能办好具体工作，即使他们稍微有点不良表现，都被严加惩罚，所以他们常被委以重任，这是要发挥他们的长处。当时许多人都报怨梁武帝亲近小人而疏远士大夫，这种看法就像眼睛看不见眼睫毛一样看不到自身的短处。

【原文】

梁世士大夫，皆尚褒衣博带，大冠高履，出则车舆，入则扶侍，郊郭之内，无乘马者。周弘正为宣城王所爱，给一果下马，常服御之，举朝以为放达。至乃尚书郎乘马，则纠劾之。及侯景之乱，肤脆骨柔，不堪行步，体羸气弱，不耐寒暑，坐死仓猝者，往往而然。建康令王复，性既儒雅，未尝乘骑，见马嘶喷陆梁，莫不震慑，乃谓人曰："正是虎，何故名为马乎？"其风俗至此。

古人欲知稼穑之艰难，斯盖贵谷务本之道也。夫食为民天，民非食不生矣，三日不粒，父子不能相存。耕种之，茠锄之，刈获之，载积之，打拂之，簸扬之，凡几涉手，而入仓廪，安可轻农事而贵末业哉？江南朝士，因晋中兴，南渡江，卒为羁旅，至今八九世，未有力田，悉资俸禄而食耳。假令有者，皆信僮仆为之，未尝目观起一墢土，耕一株苗；不知几月当下，几月当收，安识世间余务乎？故治官则不了，营家则不办，皆优闲之过也。

【译文】

梁朝的士大夫，都喜穿宽大的衣服用宽的带，戴大帽子，穿高跟木屐，出门就以车代步，进门就有人侍候，城里城外，见不着骑马的士大夫。宣城王很喜欢周弘正，送给他一匹果下马，周弘正常常骑着这匹马，朝廷上下都认为他放纵旷达，不拘礼俗。在这种风气下，尚书郎却因骑马而被弹劾。到了侯景之乱的时候，士大夫一个个细皮嫩肉，不能承受步行的辛苦，体质虚弱，耐不得冷热，暴病而死的人，往往是由于这个原因。建康令王复，性情温文尔雅，从未骑过马，看见马嘶跳跃，就惊慌害怕，他对人说道："这是老虎，为什么叫马呢？"当时的风气竟然颓废到这种程度。

古人要知晓农夫种田的艰难，这是以农为本思想决定的。民以食为天，没有食物，人们就无法生存，三天不吃饭，即使父子之间也顾不上问候。粮食要经过耕种、锄草、收割、储存、舂打、扬场等好几道工序，才能放进粮仓，怎么可以轻视农业而重视商业呢？江南朝廷里的官员，随着晋朝的复兴，南渡过江，成为寄居江南的外来者，到现在也经历了八九代了，还从未下力种过田，完全依靠俸禄供养。如果他们有田产，也是让家人僮仆去劳作，自己从未目睹翻一块土，插一次秧；不知何时播种，何时收获，又怎能懂得其他事务呢？因此，他们做官就不明晓为官之道；治家就不会经营，这都是养尊处优带来的危害！

省　事

【原文】

铭金人云："无多言，多言多败；无多事，多事多患。"至哉斯戒也！能走者夺其翼，善飞者减其指，有角者无上齿，丰后者无前足，盖天道不使物有兼焉也。古人云："多为少善，不如执一；鼫鼠五能，不成伎术。"近世有两人，朗悟士也，性多营综，略无成名，经不足以待问，史不足以讨论，文章无可传于集录，书迹未堪以留爱玩，卜筮射六得三，医药治十差五，音乐在数十人下，弓矢在千百人中，天文、画绘、棊博，鲜卑语、胡书，煎胡桃油，炼锡为银，如此之类，略得梗概，皆不通熟。惜乎，以彼神明，若省其异端，当精妙也。

【译文】

周朝太庙前有尊铜人，背上刻着一行铭文："别多说话，话多灾难也多；不要多事，事多祸患也多。"这告诫真深刻！擅长行走的动物，就没有翅膀；善于飞行的动物，就缺少脚趾；头上长角的动物，就不长上齿；后肢发达的动物，前肢就退化了。这是天意不让它们兼有各种长处吧。古人说："每件事都想做，又都做不好，不如专心地做好一件事。鼫鼠会五种技能，但哪一种也不精通。"近代有两个人，天资聪颖，但喜欢多方涉猎，却没有一样能给他们树立名声，经学经不起别人提问，史学经不起与人讨论，文章不能编成文集流传于世，书法没有达到让人保存鉴赏的水平。占卜算卦，六回只算对三回；行医看病，十个病人才治愈了五个；音乐造诣在几十人之下，射箭的技能与众人差不多，天文、绘画、棋艺、学鲜卑语言、写胡人文字、煎胡桃油、炼"锡"成"银"，诸如此类的技艺，也都会一些，但都不通熟。真是可惜呀！以其聪明才智，如果心无旁骛，专心于一种技艺，应当能达到精通的程度。

多为少善，不如执一。

【原文】

上书陈事，起自战国，逮于两汉，风流弥广。原其体度：攻人主之长短，谏诤之徒也；讦群臣之得失，讼诉之类也，陈国家之利害，对策之伍也；带私情之与夺，游说之俦也。总此四涂，贾诚以求位，鬻言以干禄。或无丝毫之益，而有不省之困，幸而感悟人主，为时所纳，初获不赀之赏，终陷不测之诛，则严助、朱买臣、吾丘寿王、主父偃之类甚众。良史所书，盖取其狂狷一介，论政得失耳，非士君子守法度者所为也。今世所睹，怀瑾瑜而握兰桂者，悉耻为之。守门诣阙，献书言计，率多空薄，高自矜夸，无经略之大体，咸秕糠之微事，十条之中，一不足采，纵合时务，已漏先觉，非谓不知，但患知而不行耳。或被发奸私，面相酬证，事途迴穴，翻惧僭尤；人主外护声教，脱加含养，此乃侥幸之徒，不足与比肩也。

谏诤之徒，以正人君之失尔，必在得言之地，当尽匡赞之规，不容苟免偷安，垂头塞耳；至于就养有方，思不出位，干非其任，斯则罪人。故《表记》云："事君，远而谏，则谄也；近而不谏，则尸利也。"《论语》曰："未信而谏，人以为谤己也。"

【译文】

上书陈述意见，起源于战国时代，到了西汉、东汉，这种风气更为盛行。推究它的体制：指责君主的不足，属于谏诤之类；揭露臣僚的得失，属于诉讼之类；陈述国家的利害，属于对策之类；利用对方感情好恶来进言的，属于游说之类。归结这四种类型，无非是卖弄诚意以谋取地位，靠耍嘴皮子来谋取利禄。如果所说的没有丝毫的实益，反而可能带来不被君王理解的麻烦。要是有幸感悟的君主，陈述的意见符合时宜而被采纳，开始或许能得到贵重的赏赐，终究还是会遭到意想不到的诛罚。因此严助、朱买臣、吾丘寿王、主父偃之类的人很多。好的史官记述这些人和事，只是取他们的狂狷耿介，取他们为例来论政治的得失，这类事本不是正人君子和谨守法度的人所做的。当今我们可以看到，才德兼备的人，都以议论时政为耻。那些守候在宫门外，或跑到朝廷来上书进言的人所说的一套，大多是浅薄的空论，自吹自擂，无关经国济世的本质问题，都是一些琐碎的小事。十条之中，没有一条值得采纳。即使个别建议切合时务，也已经是帝王明白的道理，不是说帝王不知道，只怕是知道了而不能实行罢了。上书者还有时被揭发怀有奸诈谋私，当面对证，事情经过几次反复，又回过头来对自己的行为感到惧怕；君主为了对外维护朝廷声威教化，也可能原谅了这些人。但这只能属于侥幸之徒，不值得跟他们并肩侍奉君主。

直言进谏的人，是用来帮助人君改正过失的，首先必须获得进谏的地位，然后才尽力去规劝，辅佐国君；不允许苟且偷安，低首装聋，对政事不闻不问。至于侍奉君王应该有方，考虑问题不要超出自己的职位，如果干预到职权以外的事，这就成了罪人。所以《礼记·表记》说："侍奉君主，如果和君主关系疏远而去劝谏，就是谄媚；关系亲近而不去劝谏，就是属于受禄而不尽职的人了。"《论语·子张》说："还没取得信任而去劝谏，人们就会以为你在诽谤他呢！"

【原文】

君子当守道崇德，蓄价待时，爵禄不登，信由天命。须求趋竞，不顾羞惭，比较材能，斟量功伐，厉色扬声，东怨西怒；或有劫持宰相瑕疵，而获酬谢，或有喧聒时人视听，求见发遣；以此得官，谓为才力，何异盗食致饱，窃衣取温哉！世见躁竞得官者，便谓"弗索何获"；不知时运之来，不求亦至也。见静退未遇者，便谓"弗为胡成"；不知风云不与，徒求无益也。凡不求而自得，求而不得者，焉可胜算乎！

齐之季世，多以财货托附外家，喧动女谒。拜守宰者，印组光华，车骑辉赫，荣兼九族，取贵一时。而为执政所患，随而伺察，既以利得，必以利殆，微染风尘，便乖肃正，坑阱殊深，疮痏未复，纵得免死，莫不破家，然后噬脐，亦复何及。吾自南及北，未尝一言与时人论身份也，不能通达，亦无尤焉。

【译文】

君子应当坚持真理，尊崇道德，蓄积声望，等待时机；一时爵禄没有上升，这也是天命所致。有的人投机钻营，不顾廉耻，与人较量才干；居功傲物，声色俱厉，反对这个人，得罪那个人；有的人抓住宰相的把柄相要挟，从而获取酬报；有的喧腾叫嚷，四处夸耀自己，混淆时人的视听，以求有名有官。如果用这些方法得到官职，说是他们的才能所为，实际上与偷来食物填饱肚子、盗来衣服暖和身子有什么两样呢！世人见到用这样方法取得官禄的，便以为“不去索求怎么能获得官职？”但他们不知道人在运气来的时候，不去索求，该得到的依然会得到。他们见到谦让思静之士没有得到赏识重用，便说“不去争取怎么能成就大事？”却不知道人如果没有机遇，徒然追求也毫无益处。这世上凡是不求而得的人，求而不得的人，怎能算得过来呢？

北齐末年，不少人用财货去依托外戚之家，利用宫中女子来求官。一旦被授为地方长官，则官印绶带光亮华丽，车骑队伍光辉显赫，贵极一时，荣耀兼及九族；而遭到当权者的疑忌之后，随即派人侦查。这些人以财利得到好处，必定以财利遭到祸败，他们只要沾点污秽，就会以违法纪而被治罪，陷入很深的陷阱，创伤难以愈合，纵然可以免死，但家庭没有不因此而破败的，然后再后悔又怎么来得及呢？我由南朝到北朝，未曾跟一般人谈过一句有关门第出身的话，虽然官运不通达，也没有什么祸患。

【原文】

王子晋云：“佐饔得尝，佐斗得伤。”此言为善则预，为恶则去，不欲党人非义之事也，凡损于物，皆无与焉。然而穷鸟入怀，仁人所悯；况死士归我，当弃之乎？伍员之托渔舟，季布之入广柳，孔融之藏张俭，孙嵩之匿赵岐，前代之所贵，而吾之所行也，以此得罪，甘心瞑目。至如郭解之代人报仇，灌夫之横怒求地，游侠之徒，非君子之所为也。如有逆乱之行，得罪于君亲者，又不足恤焉。亲友之迫危难也，家财己力，当无所吝；若横生图计，无理请谒，非吾教也。墨翟之徒，世谓热腹，杨朱之侣，世谓冷肠；肠不可冷，腹不可热，当以仁义为节文尔。

【译文】

王子晋说过：“帮人做饭，可以品尝到美味；帮助别人争斗，则只能得到伤。”这话是说有人做好事时可以参与，有人做坏事时就要离开；不要与人结党干不义的事。凡是对人有损害的事，都不要参与。但是走投无路的小鸟投入人的怀中，仁慈的人都会怜惜，何况敢死的义士来投靠我，我怎么舍弃他呢？伍子胥被渔父搭救，季布被人藏在广柳车中；孔融掩护张俭，孙嵩藏匿赵岐，这些举动都是前代人所推崇的，也是我所奉行的。即使因此遭惩罚，也心甘情愿，死而瞑目。至于像郭解那样替人报仇，灌夫凭意气怒骂，又无理勒索窦婴的田产，这些都是游侠之人做的事，不是君子所应当做的。如果有人有逆乱的行径，因而受到君主和亲友的惩罚和怪罪，这就又不足怜恤了。亲友面临危难，不应当吝啬家里的财产和自己的能力；如果有人不安好心，他们生出计谋，要有无理的要求，则不是我们赞成的了。墨翟之类的人，世人认为他们对人热情；杨朱之类的人，世人认为他们心肠冷漠。心肠不能冷漠，但也不能太热情。应当遵循仁义，节制自己的言行。

孔融　东汉文学家，鲁国（今山东曲阜）人。誉为建安七子之首。

【原文】

前在修文令曹，有山东学士与关中太史竞历，凡十余人，纷纭累岁，内史牒付议官平之。吾执论曰："大抵诸儒所争，四分并减分两家尔。历象之要，可以晷景测之；今验其分至薄蚀，则四分疏而减分密。疏者则称政令有宽猛，运行致盈缩，非算之失也；密者则云日月有迟速，以术求之，预知其度，无灾祥也。用疏则藏奸而不信，用密则任数而违经。且议官所知，不能精于讼者，以浅裁深，安有肯服？既非格令所司，幸勿当也。"举曹贵贱，咸以为然。有一礼官，耻为此让，苦欲留连，强加考核。机杼既薄，无以测量，还复采访讼人，窥望长短，朝夕聚议，寒暑烦劳，背春涉冬，竟无予夺，怨诮滋生，赧然而退，终为内史所迫：此好名之辱也。

【译文】

以前我在修文馆时，有个山东学士和关中太史争论历法，总共十几个人参与争论，众说纷纭，持续数年。内史将争论的文书交付议官们评议。我提出："大概诸位学者所争论的，其实只是'四分'和'减分'两家。观测推算天体运行的要领，可以通过日影来测算。现在根据春分、秋分、冬至、夏至、日蚀、月蚀相验证，就看得出'四分'的方法比较疏略，'减分'的方法又过于细密。主张疏略的一方，认为即使令也有宽猛，日月运行不断变化，自然会产生前后之分，这并非历法计算的错误。细密的一方，认为日月运行昼夜不同，要准确地预测出来，就可以免受灾祸。我认为比较疏略的方法，不够精确可信；用太细密的方法，又过于拘泥刻板。况且议官对历法的了解，不能比争论的双方更精通，用浅薄的知识来裁决深奥的论题，怎么能让双方信服呢？既然不是主管历令的，最好不要去裁决。"这个提法受到全馆上下绝大部分人的肯定。有一个礼官，却以这种谦让为耻辱，不肯放手，强加验核，而又才疏学浅，无法测验，只得重新采访争论双方，想以此分出双方优劣，日夜聚在一起争议不休，冒着严寒酷暑备受辛苦，从春天到冬天，最终也得不出结论。双方的怨恨日益加深，他也羞愧地退出了，终于受到内史的责问。这也是沽名钓誉招来的耻辱。

养　生

【原文】

神仙之事，未可全诬；但性命在天，或难钟值。人生居世，触途牵絷；幼少之日，既有供养之勤；成立之年，便增妻孥之累。衣食资须，公私驱役，而望遁迹山林，超然尘滓，千万不遇一尔。加以金玉之费，炉器所须，益非贫士所办。学如牛毛，成如麟角。华山之下，白骨如莽，何有可遂之理？考之内教，纵使得仙，终当有死，不能出世，不愿汝曹专精于此。若其爱养神明，调护气息，慎节起卧，均适寒暄，禁忌食饮，将饵药物，遂其所禀，不为夭折者，吾无间然。诸药饵法，不废世务也。庾肩吾常服槐实，年七十余，目看细字，须发犹黑。邺中朝士，有单服杏仁、枸杞、黄精、术、车前得益者甚多，不能一一说尔。吾尝患齿，摇动欲落，饮食热冷，皆苦疼痛。见《抱朴子》牢齿之法，早朝叩齿三百下为良；行之数日，即便平愈，今恒持之。此辈小术，无损于事，亦可修也。凡欲饵药，陶隐居《太清方》中总录甚备，但须精审，不可轻脱。近有王爱州在邺学服松脂不得节度，肠塞而死，为药所误者甚多。

【译文】

得道成仙的事，不能说全是虚假；只是人的生命长短由上天决定，很难说会碰上这种机会。人活在世上，随时都有牵挂羁绊。小的时候，就有供养侍奉父母的辛劳；成年以后，又增加了妻子儿女的拖累。既要解决吃饭穿衣的费用，又要为公事、私事操劳奔波，这种情况下希望隐居于山林，超脱于尘世的人，千万个人中遇不到一个。加上炼丹所需费用以及炉鼎器具，更不是贫士所能做到的。学道的人多如牛毛，成仙的人少如麟角。华山下，白骨多如野草，哪有遂心如愿的道理？认真考察过宗教之说，即使能成仙，最终还是得死。无法摆脱人世间的羁绊，我不愿意让你们在这上面用心。如果你们爱惜保养精神，调节护养气息，起居有规律，适应天气冷暖的变化，禁忌饮食，服用药物，能达到上天所赋予人的年限，不至中途夭折，对此，我是没有什么可批评的了。服用补药要得法，不要耽误了大事。庾肩吾常服用槐实，到了七十多岁，眼睛还能看清小字，胡须头发还很黑。邺城的朝廷官员有人专门服用杏仁、枸杞、黄精、白术、车前，从中得到补养，难以具说。我曾患有牙疼病，牙齿松动快掉了，饮食冷热的东西，都要疼痛受苦。看了《抱朴子》中固齿的方法，说早上起来就上下叩碰牙齿三百次为佳；我坚持了几天，牙就好了，现在还坚持这么做。诸如此类的小方法，对行事没有妨碍的，也可以学学。凡是服用补药，陶隐居的《太清方》中收录的很完备，却须精心挑选，不能轻率。最近有个叫王爱州的人，在邺城效仿别人服用松脂，没有节制，结果因肠子堵塞而死。这种为药物所害的人很多。

【原文】

夫养生者先须虑祸，全身保性，有此生然后养之，勿徒养其无生也。单豹养于内而丧外，张毅养于外而丧内，前贤所戒也。嵇康著《养生》之论，而以傲物受刑；石崇冀服饵之征，而以贪溺取祸，往世之所迷也。

夫生不可不惜，不可苟惜。涉险畏之途，干祸难之事，贪欲以伤生，谗慝而致死，此君子之所惜哉；行诚孝而见贼，履仁义而得罪，丧身以全家，泯躯而济国，君子不咎也。自乱离已来，吾见名臣贤士，临难求生，终为不救，徒取窘辱，令人愤懑。侯景之乱，王公将相，多被戮辱，妃主姬妾，略无全者。惟吴郡太守张嵊，建义不捷，为贼所害，辞色不挠；及鄱阳王世子谢夫人，登屋诟怒，见射而毙。夫人，谢遵女也。何贤智操行若此之难？婢妾引决若此之易？悲夫！

【译文】

养生的人首先应该预防祸患，要先保住身家性命。有了这个生命，然后才得以保养它；不要徒费心思去保养不存在的生命。单豹很重视养生，但不去防备外界的因素而丧生；张毅很重视防备外来侵害，但却因体内发病而死亡。这些都是前代贤人引以为诫的。嵇康写了《养生》的论著，但是由于傲慢无礼而遭杀头；石崇希望服药延年益寿，却因贪得钱财、溺爱美女而取杀身之祸。这都是前代的糊涂人物啊！

嵇康　（223–263），字叔夜。三国魏文学家、思想家、音乐家。谯郡铚县（今安徽宿县西）人。

生命不能不珍惜，也不能无原则地珍惜。涉足险畏之途，卷入祸难之事，因贪恋欲望而损伤身体，进谗言，藏坏心而致死，这些都是君子所痛惜的！恪守忠孝而被害，奉行仁义而受罪；为了保家而丧身，为了救国而捐躯：这些都是君子所不反对的。梁朝丧乱以来，我见到一些有名望的官吏和贤能的文士，面对危难，苟且求生，最终还是死于非命，白白地遭致窘迫和羞辱，真令人愤懑。侯景叛乱时，王公将相，大多遭刑罚，受污辱；妃嫔、公主、姬妾，几乎也无法保全。只有吴郡太守张嵊，树起义旗反抗侯景，虽未能成功，被叛贼杀害，但他面不改色，临危不屈。还有鄱阳王长子萧嗣的夫人谢氏，登上房顶怒骂叛贼，被箭射死。谢夫人是谢遵的女儿。为什么那些贤良明智的官吏文士坚守正义就那么困难？而侍婢、小妾舍生取义竟如此容易？真是让人悲哀啊！

归　心

【原文】

三世之事，信而有征，家世归心，勿轻慢也。其间妙旨，具诸经论，不复于此，少能赞述；但惧汝曹犹未牢固，略重劝诱尔。

原夫四尘五荫，剖析形有；六舟三驾，运载群生：万行归空，千门入善，辩才智惠，岂徒《七经》、百氏之博哉？明非尧、舜、周、孔所及也。

内外两教，本为一体，渐极为异，深浅不同。内典初门，设五种禁；外典仁义礼智信，皆与之符。仁者，不杀之禁也；义者，不盗之禁也；礼者，不邪之禁也；智者，不酒之禁也；信者，不妄之禁也。至如畋狩军旅，燕享刑罚，因民之性，不可卒除，就为之节，使不淫滥尔。归周、孔而背释宗，何其迷也！

【译文】

佛教所说的过去、现在、未来，即“三世”的事，是真实的，有依据的。我们家世代信仰佛教，因此不可慢待它。佛教精妙的宗旨，都记载在佛经中，我就不细说，只是怕你们对教义记得不牢固，稍微再做一些劝说诱导。

佛教所谓的“四尘”、“五荫”，即色、香、味、触四种感觉能力和色、受、想、行、识五种认识能力；是用来剖析有形之物的。声闻、缘觉、菩萨等“三乘”，以及布施、持戒、忍辱、精进、智慧等“六舟”的修行方法，是用来普度众生的。所有的行为终归要返回虚幻；种种修行法门都得进入善道。佛经中表现出的雄辩才能和智慧，可以看出博大精深的学问，不仅仅是儒家七经和诸子百家的著作里才有。佛教的最高境界，甚至尧、舜、周公、孔子等人都无法企及。

佛教与儒家，本来互为一体；逐渐的发展就有了差异，境界的深浅也有所不同。佛教经典的初学门径，设有五种禁戒；儒家经典中所强调的仁、义、礼、智、信五种德行，都与佛教相吻合。仁，就是不杀生的禁戒；义，就是不偷盗的禁戒；礼，就是不邪恶的禁戒；智，就是不酗酒的禁戒；信，就是不虚妄的禁戒；至于像狩猎、战争、宴饮、刑罚等，这些原本就是人本性的表现，不可能一下子消除，只能让它们有所节制，使它们不至于泛滥成灾。人们归附周公、孔子，却背离佛教，多么糊涂呀！

【原文】

俗之谤者，大抵有五：其一，以世界外事及神化无方为迂诞也；其二，以吉凶祸福或未报应为欺诳也；其三，以僧尼行业多不精纯为奸慝也；其四，以糜费金宝减耗课役为损国也；其五，以纵有因缘如报善恶，安能辛苦今日之甲，利益后世之乙乎？为异人也。今并释之于下云。

释一曰：夫遥大之物，宁可度量？今人所知，莫若天地。天为积气，地为积块，日为阳精，月为阴精，星为万物之精，儒家所安也。星有坠落，乃为石矣；精若是石，不得有光，性又质重，何所系属？一星之经，大者百里，一宿首尾，相去数万；百里之物，数万相连，阔狭从斜，常不盈缩。又星与日月，形色同尔，但以大小为其等差；然而日月又当石也？石既牢密，乌兔焉容？石在气中，岂能独运？日月星辰，若皆是气，气体轻浮，当与天合，往来环转，不得错违，其间迟疾，理宜一等；何故日月五星二十八宿，各有度数，移动不均？宁当气坠，忽变为石？地既滓浊，法应沉厚，凿土得泉，乃浮水上；积水之下，复有何物？江河百谷，从何处生？东流到海，何为不溢？归塘尾闾，渫何所到？沃焦之石，何气所然？潮汐去还，谁所节度？天汉悬指，那不散落？水性就下，何故上腾？天地初开，便有星宿；九州未划，列国未分，翦疆区野，若为躔次？封建已来，谁所制割？国有增减，星无进退，灾祥祸福，就中不差；乾象之大，列星之伙，何为分野，止系中国？昴为旄头，匈奴之次；西胡、东越、雕题、交阯，独弃之乎？以此而求，迄无了者，岂得以人世寻常，抑必宇宙外也。

【译文】

世俗对佛教的指责，大概有五个方面：第一，认为世界以外的事物和神灵的幻化无穷是迂腐荒唐的；第二，认为人世间的吉凶祸福，并非必然有所报应，佛教注重因果报应，是迷惑、欺骗众人；第三，认为出家当和尚、尼姑的人，品行大多不端，道行大多肤浅，寺庵成了藏污纳秽之地；第四，认为办佛事耗费金钱，劳民伤财，造成国家的损失；第五，认为即使有所谓的祸福报应存在，又怎么能使今天辛苦劳作的甲某，去为来世的乙某谋利益呢？属于报应了不同的人！现在一并解释如下：

对于第一种指责，我解释如下：极远极大的东西，人力无法预测，现在人们所知道的，没有比对天地更熟悉的了。天是各种虚气积聚而成，地是各种实物积聚而成，太阳是阳气的精华，月亮是阴气的精华，星辰是宇庙万物的精华，这是儒家所主张的观点。星辰落到地上，就成了石头，如果精华是石头，就不会有光芒；星星本身很重，那么是什么力量使它悬挂在天上？一颗星的直径，大的有一百里长，星宿之间相隔几万里；直径百里之长的物体，相隔万里连成一片，宽窄纵斜，为什么不见有长短的变化？再者，星星与日月的形体、颜色都差不多，只是大小不同而已；但日月又算是石头吗？石头是牢固细密的物体，太阳中的金乌、月亮中的玉兔又如何存在呢？石头飘浮在气体中怎么能自行运转？日月星辰，如果都是气体，气体是空中飘浮的东西，应当与天合而为一，往来循环转动，其中的速度，按理应该是一致的，为什么日月、五大星辰，二十八星宿各有各的速度与位置，移动的快慢不一样呢？难道是气体坠落地上，忽然变成石头吗？既然地是实物积聚而成，按理应当深厚，可是挖地时能发现泉水，才知道地原来是浮在水上的，那么积水下面又有什么东西？江河水流从哪里来？东流到海为什么不溢出地面？江河所聚之处，水又流到哪里去了？海水一涨就消失了的沃焦石，是什么样的气体变成的？潮汐的涨落，又是谁在控制呢？天河挂在空中，为什么不散落下来？水是往低处流，为什么又升腾到天上去了呢？刚刚开天辟地时，就有了星宿；当时中国的地域尚未确定，诸侯列国尚未被分割，各国的边界是如何依据星辰运行的位置来确定的呢？诸侯在分封的区域内建立国家以来，是谁控制、主宰这些事呢？诸侯国有增有减，星辰的位置却始终不变，而给各诸侯国带来的吉凶祸福却很灵验，丝毫不差。天地之大，星辰之多，为什么与地上的分野所对应的分星只是挂在中原各诸侯国的上空？与匈奴的分野对应的分星是旄头；那么西胡、东越、雕题、交阯等地，难道舍弃了吗？类似这样的问题，数不胜数，要去追究是绝无终了之日的。难道可以用寻常的人事道理去认识天地之外的情形吗？

【原文】

凡人之信，惟耳与目；耳目之外，咸致疑焉。儒家说天，自有数义：或浑或盖，乍宣乍安。斗极所周，管维所属，若所亲见，不容不同；若所测量，宁足依据？何故信凡人之臆说，迷大圣之妙旨，而欲必无恒沙世界、微尘数劫也？而邹衍亦有九州之谈。山中人不信有鱼大如木，海上人不信有木大如鱼；汉武不信弦胶，魏文不信火布；胡人见锦，不信有虫食树吐丝所成；昔在江南，不信有千人毡帐，及来河北，不信有二万斛船：皆实验也。

世有祝师及诸幻术，犹能履火蹈刃，种瓜移井，倏忽之间，十变五化。人力所为，尚能如此；何况神通感应，不可思量，千里宝幢，百由旬座，化成净土，踊出妙塔乎？

【译文】

看来人们只相信耳闻目睹的事实，不是亲眼所见，亲耳所听的事实，一概怀疑。儒家对天的解释，本来就有好几种：有的持“浑天”说，有的持“盖天”说，有的持“宣夜”说，有的持“安天论”等。北斗星环绕北极星运行，运转枢纽隶属的星宿情况，如果能让人亲眼看见，就不会有如此多的非议；如果是凭推测，那这难道能作为依据吗？为什么相信凡人的臆测而怀疑大圣人释迦牟尼的精妙教义呢？为什么认定不会有像印度恒河中的沙子那样多的世界，像灰尘那样多的劫数呢？何况战国时的邹衍就有九州的说法。山里的人不相信有树木那么大的鱼，海上的人也不相信有鱼那么大的树木；汉武帝不相信有一种胶可以黏合断裂的弓弩刀剑；魏文帝不相信有耐火的石棉布；匈奴人看到锦缎，不相信是用吃桑叶的蚕吐的丝织成的。过去的南方，人们不相信有可以容纳千人的帐篷；等到了北方，人们不相信有容纳二万斛的大船；这些都是只凭实际经验的缘故。

世上有巫师以及各种幻术，尚且能穿过火焰，在刀尖上行走；种下的瓜果即刻就能成熟；还能移动井口，瞬息之间，变化无穷。人的能力所及，尚且如此神妙变幻，何况神明对人事的反应，当然更是不可思议，无法想象的；忽地树起千里长的华美经幢，在三百里方圆内创造出庄严洁净的极乐世界、七宝塔等等。

【原文】

释二曰：夫信谤之征，有如影响；耳闻目见，其事已多，或多精诚不深，业缘未感，时傥差阑，终当获报耳。善恶之行，祸福所归。九流百氏，皆同此论，岂独释典为虚妄乎？项橐、颜回之短折，伯夷、原宪之冻馁，盗跖、庄跻之福寿，齐景、桓魋之富强，若引之先业，冀以后生，更为通耳。如此行善而偶钟祸报，为恶而傥值福征，便生怨尤，即为欺诡，则亦尧、舜之云虚，周、孔之不实也。又欲安所依信而立身乎？

释三曰：开辟已来，不善人多而善人少，何由悉责其精洁乎？见有名僧高行，弃而不说；若睹凡僧流俗，便生非毁。且学者之不勤，岂教者之为过？俗僧之学经律，何异世人之学《诗》、《礼》？以《诗》、《礼》之教，格朝廷之人，略无全行者；以经律之禁，格出家之辈，而独责无犯哉？且阙行之臣，犹求禄位；毁禁之侣，何惭供养乎？其于戒行，自当有犯。一披法服，已堕僧数，岁中所计，斋讲诵持，比诸白衣，犹不啻山海也。

【译文】

对第二种的指责，我解释如下：诚实和欺诳的报应，就像影之随形、响之随声一样，人们耳闻目见这类事情已经多了，有的没有得到应验，或许是因为诚心不足，或许是因缘还没有得到感应，报应倘若推迟了，早晚终会来临的。因为善恶的行为，正是福祸的归宿。九流和诸子百家都持这个观点，难道唯独佛家这么说，就成了胡说八道了？世上固然有好人没好报的事，如项橐、颜回短命而死；原宪、伯夷受冻挨饿而死。也有坏人没遭恶报反而有好报的事，如盗跖、庄跻获得长寿；齐景公、桓魋的国力富强；如果推究为前世的善恶因缘，在今生得以兑现，就讲得通了。如果因为做好事的人偶然遭难，做坏事的人意外得福，就认为因果报应之说是欺骗人就不再相信它，那么就好像是指责尧、舜的事迹是虚假的，周公、孔子的话是不可信的一样。如果这样的话，那么又能靠什么信念来立身处世呢？

对于第三种指责，我解释如下：开天辟地以来，不善良的人多，而善良的人少，怎么可以要求每一个僧尼都是清白的好人呢？看见名僧高尚的德行，却不加以称赞传颂，只要见了一般的僧尼伤风败俗，就指责佛教。况且，学习者不勤奋，难道是教育者的过错吗？一般的僧尼学佛经，又跟士人学《诗经》、《礼记》有什么两样？用《诗经》、《礼记》中所要求的标准去衡量朝廷中的大官员，大概没有几个符合标准的。用佛经的戒律来衡量出家的人，怎么能唯独要求全都不违反戒律呢？品德很差的官员，还依然能获取高官厚禄，犯戒的僧尼，坐享供养又有什么可惭愧的呢？对于所规定的行为规范，人们偶尔也会触犯。出家人一披上法衣，已经落入僧侣行列，一年到头吃斋念佛，与世俗之人的修养相比，其高低的程度远胜过高山与深海的差距。

【原文】

释四曰：内教多途，出家自是一法耳。若能诚孝在内，仁惠为本，须达、流水、不必剃落须发；岂令罄井田而起塔庙，穷编户以为僧尼也？皆由为政不能节之。遂使非法之寺，妨民稼穑，无业之僧，空国赋算，非大觉之本旨也。抑又论之：求道者，身计也；惜费者，国谋也。身计国谋，不可两遂。诚臣徇主而弃亲，孝子安家而忘国，各有行也，儒有不屈王侯高尚其事，隐有让王辞相避山林；安可计其赋役，以为罪人？若能偕化黔首，悉入道场，如妙乐之世，禳佉之国，则有自然稻米，无尽宝藏，安求田蚕之利乎？

释五曰：形体虽死，精神犹存。人生在世，望于后身，似不相属；及其殁后，则与前身似犹老少朝夕耳。世有魂神，示现梦想，或降僮妾，或感妻孥，求索饮食，征须福祐，亦为不少矣。今人贫贱疾苦，莫不怨尤前世不修功业；以此而论，安可不为之作地乎？夫有子孙，自是天地间一苍生耳，何预身事？而乃爱护，遗其基址，况于己之神爽，顿欲弃之哉？凡夫蒙蔽，不见未来，故言彼生与今非一体耳；若有天眼，鉴其念念随灭，生生不断，岂可不怖畏邪？又君子处世，贵能克己复礼，济时益物。治家者欲一家之庆，治国者欲一国之良，仆妾臣民，与身竟何亲也，而为勤苦修德乎？亦是尧、舜、周、孔虚失愉乐耳。一人修道，济度几许苍生？免脱几身罪累？幸熟思之！汝曹若观俗计，树立门户，不弃妻子，未能出家；但当兼修戒行，留心诵读，以为来世津梁，人生难得，无虚过也。

【译文】

对于第四种指责，我解释如下：信仰佛教有多种途径，出家只是其中一个方法而已。如果存有忠孝之心，具备仁爱的襟怀，像须达、流水这两位长者一样以慈悲为怀，也用不着剃掉胡须、头发；并非主张用所有的田地去建寺庙佛塔，让所有平民百姓都去出家当和尚。都是由于执政者不能控制，才使不守法纪的寺院破坏了民众的农业生产，没有德行的僧尼空享国家的赋税，这是不合佛教原本的宗旨的。而且进一步说，信奉佛教，是个人的意愿；减少费用，是国家的政策；个人的意愿与国家的政策，不可能两全其美。就像忠臣献身于君主而放弃了赡养双亲的职责，孝子为了承担家庭重担而忽略对国家应尽的义务，各自表现出不同的品行。儒家中有不去侍奉王侯而保持高尚志向的；隐士中有退让君位、辞去卿相而隐居山林的；怎能算计他们的赋税徭役，并制定他们的罪责呢？如果让世人都信奉佛教，皈依释迦，那么人世间就是歌舞升平的世界。就像禳佉王那样无为而治却拥有太平国家；会有不需耕种而自然生出的稻米，有无穷无尽的珍贵物品，何必去求取耕作养蚕的收获呢？

对于第五种指责，我解释如下：人的形体虽然消失了，但精神仍然存在。人活在这个世界上，声望对于转世之身，似乎并不相关，等到死后，却与前生像是老少、朝夕的关系。世上有魂灵托梦于人的事；有的托于仆人、小妾的梦中，有的托于妻子、儿女的梦中：向他们索求食物，乞求福佑而得到应验的事，也是不少。现在人们遇到贫贱病苦，无不埋怨前世没修功业。从这一点来说，生前怎么能不为来世的魂灵开辟一片安乐之地呢？至于自己的子孙，他们只不过是天地间一个百姓而已，跟我本身没什么关系，尚且要尽心爱护，将家业留给他们；何况对于自己的精神，怎能轻易舍弃不顾呢？凡夫俗子愚昧无知，无法预见来世，所以就说今生与来世不是一个整体；如果能像如来佛那样有洞察万物的慧眼，就能洞悉生命在刹那间起止，而世间众人生生不已，难道不让人感到惧怕吗？同时，君子处世，最可贵的是克制自己，使言语行动都合乎礼仪，能救助别人，对世事有益。管理家庭的人，希望这个家庭幸福美满；治理国家的人，希望这个国家兴旺发达。仆人、侍妾、臣僚、民众与我自身有什么亲情联系，而却要为他们勤苦地去修养德行呢？这也和尧、舜、周公、孔子一样，白白地浪费掉许多欢乐的时光呀！一个人修身求道，能超度几个人，能使几个人解脱罪恶？希望你们好好地思虑这个问题。你们如果着眼于尘世间的生计，想使家门兴旺，不愿丢弃妻子儿女出家为僧，就要按佛教戒律修身养性，专心研读佛经，以此为来世的幸福铺好桥梁。人生是很宝贵的，不要白白度过。

【原文】

儒家君子，尚离庖厨，见其生不忍其死，闻其声不食其肉。高柴、折像，未知内教，皆能不杀，此乃仁者自然用心。含生之徒，莫不爱命；去杀之事，必勉行之。好杀之人，临死报验，子孙殃祸，其数甚多，不能悉录耳，且示数条于末。

梁世有人，常以鸡卵白和沐，云使发光，每沐辄二三十枚。临死，发中但闻啾啾数千鸡雏声。

江陵刘氏，以卖鳝羹为业。后生一儿头是鳝，自颈以下，方为人耳。

王克为永嘉郡守，有人饷羊，集宾欲醼，而羊绳解，来投一客，先跪两拜，便入衣中。此客竟不言之，固无救请。须臾，宰羊为羹，先行至客。一脔入口，便下皮内，周行遍体，痛楚号叫；方复说之。遂做羊鸣而死。

梁孝元在江州时，有人为望蔡县令，经刘敬躬乱，县廨被焚，寄寺而住。民将牛酒作礼，县令以牛系刹柱，屏除形象，铺设床坐，于堂上接宾。未杀之顷，牛解，径来至阶而拜，县令大笑，命左右宰之。饮噉醉饱，便卧檐下。稍醒而觉体痒，爬搔隐疹，因尔成癞，十许年死。

杨思达为西阳郡守，值侯景乱，时复旱俭，饥民盗田中麦。思达遣一部曲守视，所得盗者，辄截手腕，凡戮十余人。部曲后生一男，自然无手。

齐有一奉朝请，家甚豪侈，非手杀牛，噉之不美。年三十许，病笃，大见牛来，举体如被刀刺，叫呼而终。

江陵高伟，随吾入齐，凡数年，向幽州淀中捕鱼。后病，每见群鱼啮之而死。

【译文】

儒家的贤人，尚且知道远离宰杀禽兽的厨房，不忍心看见有生命的动物被杀死，若听到动物被宰杀时的惨叫声，就不忍去吃它们的肉。高柴、折像二人并没有信奉佛教，都能做到不杀生，这就是仁慈的人内心世界的自然表露。有生命的东西，没有不爱惜自己生命的；戒杀生的事，一定要努力去做。喜欢杀生的人，死后要遭到报应，连子孙也会受到牵累，这样的例子很多，不能一一讲到，下面就举几个例子。

梁朝有个人，常用鸡蛋清调在水中洗头，认为这样能使头发富有光泽，每次洗发就用去二三十个鸡蛋。他临死的时候，只听见头发中发出几千只小鸡的鸣叫声。

江陵有个姓刘的人，以卖鳝为生，后来生了一个小孩，头像鳝鱼，头部以下，才是人形。

王克做永嘉郡太守的时候，有人送来一只羊，他就办酒食宴请宾客。请客那天，那只羊扯断绳子，冲到一位客人面前，先跪下去拜了两拜，便钻进客人的衣服内。那位客人竟不说话，当然也没有救它。过了一会儿，羊被宰杀，做成羊肉汤，先送到那位客人面前，他吃了一块肉，肉刚一入口，便穿入皮肉，周流全身，使他疼痛号叫不已，方才说出刚才羊向他求救的事。最后他学着羊叫而死。

梁孝元帝在江州的时候，有位望蔡县的县令，遇到了刘敬躬的叛乱。县里的官署被烧毁了，他只好寄居在寺庙中。老百姓将一头牛和几缸酒作为礼物送给他，这位县令将牛绑在柱子上，移开佛像，摆好桌椅，在庙堂里接待宾客。牛将要被宰的时候，就扯开了绳子，直奔到县令面前拜了下去。县令大笑，让手下人把牛杀掉。县令酒足饭饱之后，便睡在屋檐下，醒来后感到身上发痒，拼命抓搔身上的疙瘩，由此变为恶疮，十多年就死了。

杨思达是西阳郡的太守，当时正是侯景叛乱，又遇到旱灾，饥饿的老百姓就去偷田里的麦子。杨思达派了一个部下去守麦田。那个部下凡是抓到偷麦子的人就砍掉他们的手，一共砍了十几个人的手。后来那部下生了一个男孩，生下来就没有手。

齐国有个担任奉朝请的人，家里非常富有。这个人有个怪僻，非得亲手宰牛，才觉得牛肉吃起来有美味。三十多岁时，他得了重病，经常见牛向他走来，他觉得全身如刀割般疼痛，最后大声号叫而死。

江陵的高伟，和我一起来到齐国。几年以来，时常到幽州的湖泊中捕鱼。后来病重，常看见成群的鱼来咬他，终于死了。

【原文】

世有痴人，不识仁义，不知富贵并由天命。为子娶妇，恨其生资不足，倚作舅姑之尊，蛇虺其性，毒口加诬，不识忌讳，骂辱妇之父母，却成教妇不孝己身，不顾他恨。但怜己之子女，不爱己之儿妇。如此之人，阴纪其过，鬼夺其算。慎不可与为邻，何况交结乎？避之哉！

【译文】

人世间有一种愚笨的人，不懂得仁义，也不知道富贵皆由天命。为儿子娶媳妇，嫌人家陪送的嫁妆太少，仗着自己当公婆的尊贵身份，性子像蛇蝎一样凶残，对媳妇恶意辱骂，不懂得忌讳，甚至谩骂侮辱媳妇的父母，反而促使儿媳不孝敬自己，不考虑对他的怨恨。只知道疼爱自己的子女，不知道爱护自己的儿媳。像这种人，阴间会有记录的，鬼神也会减掉他的寿命。注意不要与他做邻居，更何况与这种人交朋友呢，还是躲他远点吧。

书　证

【原文】

《诗》云：“参差荇菜。”《尔雅》云：“荇，接余也。”字或为“莕”。先儒解释皆云：水草，圆叶细茎，随水浅深。今是水悉有之。黄花似蓴，江南俗亦呼为“猪蓴”，或乎为“荇菜”。刘芳具有注释。而河北俗人多不识之，博士皆以参差者是苋菜，呼“人苋”为“人荇”，亦可笑之甚。

《诗》云："谁谓荼苦？"《尔雅》、《毛诗传》并以荼，苦菜也。又《礼》云："苦菜秀。"案：《易统通卦验玄图》曰："苦菜生于寒秋，更冬历春，得复乃成。"今中原苦菜则如此也。一名游冬，叶似苦苣而细，摘断有白汁，花黄似菊，江南别有苦菜，叶似酸浆，其花或紫或白，子大如珠，熟时或赤或黑，此菜可以释劳。案：郭璞注《尔雅》，此乃蘵，黄蒢也。今河北谓之成龙葵。梁世讲《礼》者，以此当苦菜；既无宿根，至春方生耳，亦大误也。又高诱注《吕氏春秋》曰："荣而不实曰英。"苦菜当言英，益知非龙葵也。

【译文】

《诗经·周南·关雎》有诗句："参差荇菜。"《尔雅·释草》解释说："荇，就是接余。"字或写作"莕"。从前的学者都解释说：荇是水生植物，圆叶细茎，它的长短取决于水的深浅。现在凡是有水的地方都长有荇菜，江南民间也把它称作"猪蓴"，或称作"荇菜"。刘芳在《毛诗笺音义证》中有详细的注解。在北方，一般人都不认识这种植物，就连博士都将水中长得参差不齐的荇菜当作"苋菜"，把"人苋"称作"人荇"，这也太可笑了。

《诗经·邶风·谷风》有"谁谓荼苦？"的诗句。《尔雅·释草》、《毛诗传》都把"荼"解释为苦菜。另外，《礼记·月令·孟夏》说："苦菜秀。"查阅资料：《易统通卦验玄图》说："苦菜在寒冷的秋天发芽，经历冬春两季，到夏天成熟。"现在中原地区生长的苦菜，就是这样。苦菜又称作"游冬"，菜叶像苦苣，而比苦苣细，折断叶片，会渗出白色的浆汁。菜花是黄色的，类似菊花。江南有另一种"苦菜"，菜叶像酸浆草，菜花有的是紫色的，有的是白色的，菜籽大得像珠子一样，成熟时或红色的，或是黑色的，服食这种菜可以消除疲劳。今查有关资料，郭璞注解《尔雅》，认为它就是黄蒢，也就是蘵。北方人把它叫作"龙葵"。梁代的时候有专门讲《礼经》的人，把它当作《诗经》中所提到的苦菜，它没有经冬留存土下、来春可以重新发芽生长的宿根，只有到春天籽才会发芽生长。把它认为是苦菜是个大大的误会。另外，高诱注解《吕氏春秋》说：植物开花而不结果称作"英"。因此苦菜应该说是"英"，这更说明了它绝不是"龙葵"。

【原文】

《诗》云："有杕之杜。"江南本并木傍施大，《传》曰："杕，独皃也。"徐仙民音徒计反。《说文》曰："杕，树皃也。"在《木部》。《韵集》音次第之第，而河北本皆为杕夷狄之狄，读亦如字，此大误也。

《诗》云："駉駉牡马。"江南书皆作牝牡之牡，河北本悉为放牧之牧。邺下博士见难云："《駉颂》既美僖公牧于坰野之事，何限騲骘乎？"余答曰："案：《毛传》云：'駉駉，良马腹干肥张也。'其下又云：'诸侯六闲四种：有良马、戎马、田马、驽马。'若作牧放之意，通于牝牡，则不容限在良马独得駉駉之称。良马，天子以驾玉辂，诸侯以充朝聘郊祀，必无騲也。《周礼·圉人》职：'良马，匹一人，驽马，丽一人。'圉人所养，亦非騲也，颂人举其强骏者言之，于义为得也。《易》曰：'良马逐逐。'《左传》云：'以其良马二。'亦精骏之称，非通语也。今以《诗传》良马，通于牧騲，恐失毛生之意，且不见刘芳《义证》乎？"

【译文】

《诗经·唐风·杕杜》有诗句："有杕之杜。"江南流传的各种《诗经》版本，都将"杕"字写成"木"旁加个"大"字。《毛诗传》说："杕，就是孤零零的意思。"徐仙民《毛诗传》的注音将它读作徒计反。《说文解字·木部》解释说："杕，树的样子。"《韵集》将它读作"次第"的"第"。然而，北方流传的各种《诗经》本子，都把"杕"字写作"夷狄"的"狄"，读法也与"狄"相同，这是非常错误的。

《诗经·鲁颂·駉》有诗句："駉駉牡马。"江南流传的《诗经》版本都将"牡"字写作"牝牡"的"牡"，指公马。而北方流传的《诗经》版本都写成了"放牧"的"牧"字。邺下的博士诘难说："《诗经·鲁颂·駉》既然是称赞僖公在辽阔的草原放牧的事，又何必计较什么公马、母马呢？"我反驳说："据我考证：《毛诗传》说：'駉駉是形容良马躯体强壮。'下文又说：'诸侯有六个马厩，饲养四种马匹：良马、军马、猎马、驽马。'如果这句诗中的'牡'字作'放牧'的"牧"，那么，'駉駉'用于赞美公马，母马同样说得通，而不只是局限于用来形容'良马'了。'良马'是天子驾车的专用马，是诸侯在朝觐天子时或到郊外祭祀天地时的专用马。《周礼·圉人》职说：'良马，一人养一匹；驽马，一人养两匹。'圉人养马，也不养母马。诗人通过良马的健壮强劲来赞美鲁僖公，这在意义上是说得过去的。《周易·大畜》说：'良马飞奔。'《左传·宣公十二年》说：'用二匹良马。'都是对强壮骏马的称呼，不是通指一般的马。现在有些人以为毛苌在《毛诗传》中所说的'良马'这个专有名词，是指公马或母马中的好马，恐怕误解了毛苌的本意。再说，这些人难道没见过刘芳的《毛诗笺音义证》中对这一句的解释吗？"

【原文】

《月令》云："荔挺出。"郑玄注云："荔挺，马薤也。"《说文》云："荔，似蒲而小，根可为刷。"《广雅》云："马薤，荔也。"《通俗文》亦云马蔺。《易统通卦验玄图》云："荔挺不也，则国多火灾。"蔡邕《月令章句》云："荔似挺。"高诱注《吕氏春秋》云："荔草挺出也。"然则《月令注》荔挺为草名，误矣。河北平泽率生之。江东颇有此物，人或种于阶庭，但呼为旱蒲，故不识马薤。讲《礼》者乃以为马苋；马苋堪食，亦名豚耳，俗名马齿。江陵尝有一僧，面形上广下狭；刘缓幼子民誉，年始数岁，俊晤善体物，见此僧云："面似马苋。"其伯父绍因呼为荔挺法师。绍亲讲《礼》名儒，尚误如此。

《诗》云："将其来施施。"《毛传》云："施施，难进之意。"郑《笺》云："施施，舒行皃也。"《韩诗》亦重为"施施"。河北《毛诗》皆云"施施"。江南旧本，悉单为"施"，俗遂是之，恐为少误。

【译文】

《礼记·月令》中有一句话："荔挺出。"郑玄注解说："荔挺，就是马薤。"《说文解字·草部》说："荔，类似蒲草，而比它小，根是做刷子的好材料。"《广雅》说："马薤，就是荔。"在《通俗文》中又把它叫作马蔺。《易统通卦验玄图》说："荔草茎如果长不出，国家就要频频发生火灾。"蔡邕的《月令章句》说："荔，类似挺。"高诱注解《吕氏春秋》说："荔草茎生出来了。"这样看来，郑玄的《礼记·月令注》将"荔挺"看成一种草是错误的。在北方，这种草普遍生长在水泽地里。江东也有类似的植物，有的人把它种在庭

院里，只是把它叫作旱蒲，所以就不知道它就是马薤。而讲解《礼记》的人把“荔”当作“马苋”来解释。马苋可以食用，又名叫豚草，民间把它叫作马齿苋。江陵有一位脸形上宽下窄的僧人，刘缓的儿子刘民誉，年纪才几岁，聪明伶俐，善于描绘事物的形态，他看见这位僧人就说：“这人脸长得像马齿苋。”他的伯父刘縚把这位僧人戏称为“荔挺法师”，刘縚本人就是讲解《礼记》的著名学者，尚且误解到如此地步！

《诗经·王风·丘中有麻》有诗句：“将其来施施。”《毛诗传》说：“施施，难以行进的意思。”郑玄注解说：“施施，就是行动舒缓的样子。”《韩诗》也将“施”字重叠写作“施施”。北方的《诗经》流传本都写作“施施”。而江南过去的《诗经》版本，都单作一个“施”字，人们也就认可了，恐怕这是个小错误。

【原文】

《诗》云：“有渰萋萋，兴云祁祁。”《毛传》云：“渰，阴云貌。萋萋，云行貌。祁祁，徐貌也。”《笺》云：“古者，阴阳和，风雨时，其来祁祁然，不暴疾也。”案：“渰已是阴云，何劳复云‘兴云祁祁’耶？”“云”当为“雨”，俗写误耳。班固《灵台》诗云：“三光宣精，五行布序，习习祥风，祁祁甘雨。”此其证也。

《礼》云：“定犹豫，决嫌疑。”《离骚》曰：“心犹豫而狐疑。”先儒未有释者。案：《尸子》曰：“五尺犬为犹。”《说文》云：“陇西谓犬子为犹。”吾以为人将犬行，犬好豫在人前，待人不得，又来迎候，如此返往，至于终日，斯乃豫之所以未定也，故称犹豫。或以《尔雅》曰：“犹如麂，善登木。’犹，兽名也，即闻人声，乃豫缘木，如此上下，故称犹豫。狐之为兽，又多猜疑，故听河冰无流水声，然后敢渡。今俗云：“狐疑，虎卜。”则其义也。

【译文】

《诗经·小雅·大田》有诗句："有渰萋萋，兴云祁祁。"《毛诗传》说："渰，是指云兴起的样子。萋萋，是指云移动的样子。祁祁，是指云行动缓慢的样子。"郑玄注解说："古时候，阴阳调和，风雨及时，它们来时是缓缓的，而不是速迅激烈。"我认为："渰"字已经表示乌云兴起的样子，何必又重复说"兴云祁祁"呢？可见"云"字当写作"雨"字，这是人们抄写时弄错的吧。班固的《灵台诗》里说："三光宣精，五行布序，习习祥风，祁祁甘雨。"这是"云"当写作"雨"的一条证据。

《礼记·曲礼》中有"定犹豫，决嫌疑"一句。《离骚》中有"心犹豫而狐疑"的诗句。从前的学者对此没有解释。今参考有关资料：《尸子·广泽》说："五尸犬为犹。"《说文解字·犬部》说："陇西谓犬子为犹。"我认为人带着狗行路时，狗总是先跑到前面去等人，等不到后又跑回来迎接，如此来回往返，天天如此，这就是"豫"一词解释为迟疑不决的来历，所以称作"犹豫"。或者依据《尔雅·释兽》的解释："犹长得像麂，擅长爬树。"犹是一种野兽，一听到人的声音，它就预先上树，像这样上上下下，迟疑不定，所以人们将迟疑不定称为"犹豫"。狐狸这种动物是很狡猾多疑的，它听到冰下没有流水的声音，然后才敢过河。现在俗话说："狐疑，虎卜"。"狐疑"就是犹豫不决的意思。

【原文】

《左传》曰："齐侯痎，遂痁。"《说文》云："二日一发之疟。痁，有热疟也。"案：齐侯之病，痎本是间日一发，渐加重乎故，为诸侯忧也，今北方犹呼痎疟，音皆，而世间传本多以为疥，杜征南亦无解释，徐仙民音介，俗儒就为通云："病疥，令人恶寒，变而成疟。"此臆说也。疥癣小疾，何足可论，宁有患疥转作疟乎？

《尚书》曰："惟影响。"《周礼》云："土圭测影，影朝影夕。"《孟子》曰："图影失形。"《庄子》云："罔两问影。"如此等字，皆当为"光景"之"景"。凡阴景者，因光而生，故即谓为景。《淮南子》呼为景柱，《广雅》云："晷柱挂景。"并是也。至晋世葛洪《字苑》傍始加彡，音于景反。而世间辄改治《尚书》、《周礼》、《庄》、《孟》从葛洪字，甚为失矣。

【译文】

孟子（约前372—前289），名轲，字子舆。中国古代战国时期的思想家、教育家。

《左传·昭公二十年》记载："齐侯痎，遂痁。"《说文解字·疒部》说："痎，隔日发作一次的疟疾，痁，是发热的疟疾。"我觉得齐侯的病，本来是隔日发作一次的疟疾，后来病情逐渐加重了，为诸侯们所担心。现在北方还有痁的叫法，读作"皆"。而现存的《左传》流传本，大多将"痎"字写作"疥"，杜预对此没有解释。徐仙民在《毛诗音》中认为"疥"读作"介"，一般的学者就依此解释说："得了疥癣，使人畏寒，就变成了疟疾。"这纯粹是臆测之说。疥癣只是小病，有什么值得谈论的。哪里有患疥癣会变成疟疾的呢？

《尚书·大禹谟》有"惟影响"诗句。《周礼·地官·大司徒》有"土圭测影，影朝影夕"诗句。《孟子》有"图影失形"诗句。《庄子·齐物论》有"罔两问影"诗句。这些"影"字，都应该是"光景"的"景"字。凡是阴影，都是由于光的作用而形成的，所以称作景。《淮南子·缪称》中有"景柱"一词，《广雅·释天》中有"晷柱挂景"一语，其中的"景"字都是指阴影。到了晋代，葛洪著《字苑》，才在"景"字旁边加上"彡"字，写作"影"，注音于景反。而世上的人随意按葛洪的做法将《尚书》、《庄子》、《孟子》等书中的"景"字改成"影"字，这实在是大错了。

【原文】

太公《六韬》，有天陈、地陈、人陈、云鸟之陈。《论语》曰："卫灵公问陈于孔子。"《左传》："为鱼丽之陈。"俗本多作阜傍车乘之车，案诸陈队，并作陈，郑之陈。夫行陈之义，取于陈列耳，此六书为假借也，《苍》、《雅》及近世字书，皆无别字；惟王羲之《小学章》，独阜傍作车，纵复欲行，不宜追改《六韬》、《论语》、《左传》也。

《诗》云："黄鸟于飞，集于灌木。"《传》云："灌木，丛木也。"此乃《尔雅》之文，故李巡注曰："木丛生曰灌。"《尔雅》末章又云："木族生为灌。"族亦丛聚也。所以江南《诗》古本皆为丛聚之丛，而古丛字似冣字，近世儒生，因改为冣，解云："木之冣高长者。"案：

众家《尔雅》及解《诗》无言此者，惟周续之《毛诗注》，音为徂会反，刘昌宗《诗注》，音为在公反，又祖会反：皆为穿凿，失《尔雅》训也。

【译文】

太公的《六韬》中有天陈、地陈、人陈、云鸟之陈的说法。《论语·卫灵公》上有"卫灵公问陈于孔子"的话。《左传·桓公五年》上说"为鱼丽之陈"的话。一般的流传本大多是将以上几个"陈"字写成"阜"字旁再加个车乘的"车"字，即"阵"字。据考查，表示各种军队列的"阵"字，都应写作"陈、郑"的"陈"字。军陈行列的"陈"，是从陈列之意取用过来的，将"陈"写作"阵"，这在六书中属于假借法，《苍颉篇》、《尔雅》和近代的字书，"陈"都没有其他写法，只在王羲之的《小学章》独独是"阜"旁加上"车"字，成了"阵"字。即使今人从俗都将"陈"字写成了"阵"字，也不应该反过来追改《六韬》、《论语》、《左传》等古书。

《诗经·周南·葛覃》有诗句"黄鸟于飞，集于灌木"。《毛诗传》说："灌木，就是树木丛生。"这是根据《尔雅》解释，所以李巡注解说："木丛生曰灌。"《尔雅》的末章又说："木族生曰灌。"族，即丛聚的意思。所以江南的《诗经》旧的版本都写成"丛聚"的"丛"字了，而古代的丛字与"冣"字很像，近代的儒生因此就将丛字改作"冣"字，解释为"树木之高长者"。据查证：各家的《尔雅》和《诗经》都没有对此注解，只有周续之的《毛诗注》，对这个字注音作组会反，刘昌宗的《诗注》认为"冣"字读作在公反，也可读作组会反。这些都是穿凿附会，偏离了《尔雅》的训诂解释。

【原文】

"也"是语已及助句之辞，文籍备有之矣。河北经传，悉略此字，其间字有不可得无者，至如"伯也执殳"，"於旅也语"，"回也屡空"，"风，风也，教也"，及《诗传》云："不戢，戢也；不傩，傩也。""不多，多也"。如斯之类，傥削此文，颇成废阙。《诗》言："青青子衿。"《传》曰："青衿，青领也，学子之服。"按：古者，斜领下连于衿，故谓领为衿。孙炎、郭璞注《尔雅》，曹大家注《列女传》，并云："衿，交领也。"邺下《诗》本，既无"也"字，群儒因谬说云："青衿、青领，是衣两处之名，皆为青为饰。”用释“青青”二字，其失大矣！又有俗学，闻经传中时须“也”字，辄以意加之，每不得所，益成可笑。

《易》有蜀才注，江南学士，遂不知是何人。王俭《四部目录》，不言姓名，题云：“王弼后人。”谢炅、夏侯该，并读数千卷书，皆疑是谯周；而《李蜀书》一名《汉之书》，云：“姓范名长生，自称蜀才。”南方以晋家渡江后，北间传记，皆名为伪书，不贵省读，故不见也。

《礼·王制》云：“裸股肱。”郑注云：“谓捋衣出其臂胫。”今书皆作“擐甲”之“擐”。国子博士萧该云：“‘擐’当作‘捋’，音‘宣’，‘擐’是穿著之名，非出臂之义。”案《字林》，萧该是，徐爰音“患”，非也。

【译文】

“也”字是用在语尾或作语助的词，文章典籍中常用这个字。北方流传的经传中大多省略“也”字，而其中有的“也”字是不能省略的，比如像“伯也执殳”，“于旅也语”，“回也屡空”、“风，风也，教也，”以及《毛诗传》说：“不戢，戢也；不傩，傩也。”“不多，多也”。诸如此类的句子，如果都省略了“也”字，也就成了残缺不全的句子了。《诗经·郑风·子衿》有“青青子衿”之句，《毛诗传》解释说：“青衿，青领也，学子之服。”据查证：古时候，斜领下面连着衣衿，所以将领子称作“衿”。孙炎、郭璞注解的《尔雅》，曹大家注解的《列女传》中都说：“衿，交领也。”邺下的《诗经》传本，就没有“也”字，许多读书人因而错误地认为“青衿、青领，是指衣服的两个部分的名称，都用‘青’字来装饰，”这样理解“青青”两个字，实际上是不对的。还有一些平庸的读书人，听说《诗经》传注中常要补上“也”字，就凭自己的意见加上去，往往加得不是地方，这就更加可笑了。

曹大家　即班昭，东汉史学家。班彪之女，班固、班超之妹。嫁曹世叔，早寡。汉和帝时，受召入宫，为皇后及诸贵人老师，号曰“大家”。

《易经》有蜀才作注的本子，江南的学士，竟然不知道蜀才是谁。王俭的《四部目录》中，没有注名，只是题为：“王弼后人”。谢炅、夏侯该都饱读过数千卷的书籍，他俩都怀疑这人是谯周；而《蜀李书》（一名《汉之书》）上说："这人姓范，名长生，自称蜀才。"在南方，因为晋朝东迁之后，北方的传记，就被称作伪书，因此人们不重视阅读它们，所以没有见到过这段记载。

《礼记·王制》有："裸股肱"一语，郑玄注解说："谓揎衣出其臂胫。"当今人写书，都将"揎"字写作"擐甲"的"擐"字。国子博士萧该说："擐，当作'揎'，读作'宣'，'擐'是指穿的意思，并非是露出手臂的意思。"根据《字林》，萧该的说法是对的。徐爰《礼记音》中认为"揎"读作"患"，这是不对的。

【原文】

《汉书》："田肎贺上。"江南本皆作"宵"字。沛国刘显，博览经籍，偏精班《汉》，梁代谓之《汉》圣。显子臻，不坠家业。读班史，呼为田肎。梁元帝尝问之，答曰："此无义可求，但臣家旧本，以雌黄改'宵'为'肎'。"元帝无以难之。吾至江北，见本为"肎"。

《汉书·王莽赞》云：'紫色蠅声，余分闰位。"盖谓非玄黄之色，不中律吕之音也。近有学士，名问甚高，遂云："王莽非直鸢虎䁪视，而复紫色蠅声。"亦为误也。

【译文】

《汉书·高祖纪》中有"田肎贺上"的语句。江南的《汉书》流传本都将"肎"写作"宵"。沛国的刘显，博览群书，偏爱并精通班固的《汉书》，梁代人称他为"汉书圣人"。刘显的儿子刘臻，不失家传之业。他读《汉书》时，将"田宵"读作"田肎"，梁元帝曾经问他为什么这么读，他回答说："这没有什么含义可求，只是臣家藏的《汉书》旧本中，把通行的'田宵'改作'田肎'了。"梁元帝也难不倒他。我到了北方，见到这里的《汉书》传本，就写作"田肎"。

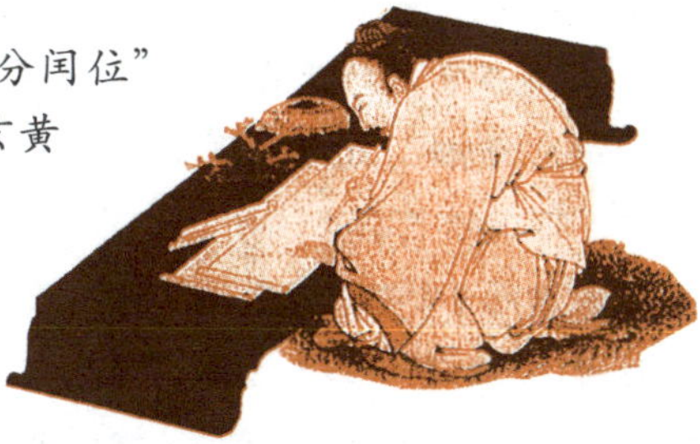

《汉书·王莽赞》有"紫色蠅声，余分闰位"之句，大意是讥讽王莽篡夺皇位，不合玄黄正色，不符律吕正声。近代有位学士，名望甚高，竟然说："王莽不仅长得像鹰虎一样凶狠，而且脸色发紫，声如蠅叫。"这也就搞错了。

【原文】

简“策”字，“竹”下施“朿”，末代隶书，似杞、宋之“宋”，亦有“竹”下遂为夹者；犹如“刺”字之傍应为“朿”，今亦作笶。徐仙民《春秋礼音》，遂以“笶”为正字，以“策”为音，殊为颠倒。《史记》又作“悉”字，误而为“述”，作“妒”字，误而为“妬”。裴、徐、邹皆以“悉”字音“述”，以“妒”字音“妬”。既尔，则亦可以亥为豖字音，以帝为虎字音乎？

张揖云：“虙，今伏羲氏也。”孟康《汉书古文注》亦云：“虙，今伏。”而皇甫谧云：“伏羲或谓之宓羲。”按诸经史纬候，遂无宓羲之号。虙字从“虍”，“宓”字从“宀”，下俱为“必”，末世传写，遂误“虙”以为“宓”，而《帝王世纪》因更立名耳。何以验之？孔子弟子虙子贱为单父宰，即虙羲之后，俗字亦为宓，或复加山。今兖州永昌郡城，旧单父地也，东门有子贱碑，汉世所立，乃曰：“济南伏生，即子贱之后。”是知“虙”之与“伏”，古来通字，误以之“宓”，较可知矣。

【译文】

简策的“策”字，是“竹”字头下面加个“朿”字。后代的隶书，“策”的下半部写得很像“杞宋”的“宋”字，也有的人在“竹”字头下竟加“夹”字。就像“刺”字左偏旁应为“朿”，现在写作“笶”一样。徐仙民的《春秋左氏传音》、《礼记音》中就以“笶”字为正字，以“策”字作其读音，恰好是弄颠倒了。《史记》又将“悉”字误写作“述”字，将“妒”字误写作“妬”，裴骃、徐野民、邹诞生都认为“悉”字读作“述”，“妒”字读作“妬”。若是如此，岂不是可以将“亥”字读作“豖”，将“帝”字读作“虎”了吗？

张揖说：“虙，就是指现在所说的伏羲氏。”孟康的《汉书古文注》中说道：“虙，指现在所说的伏羲氏。”而皇甫谧说：“伏羲有人说是宓羲。”可是考察各种经书、纬书，就没有见到“宓羲”这个称号。“虙”字从“虍”，“宓”字从“宀”，下面都有“必”字，后代人传抄，就误将“虙”字写成了“宓”字。因而皇甫谧的《帝王世纪》中就将“宓”作为伏羲的名字。用什么来证明宓字是抄写错误呢？孔子弟子子贱是单父的邑宰，他就是伏羲氏的后代。“虙”的俗字也写作“宓”，或写作“密”。近代兖州永昌郡城，是单父的旧地，东门有子贱的碑，是在汉代时立的，上面写着："济南伏生，就是子贱的后代。"从中可知"虙"字与"伏"字在古代是通假字，那么将"虙"写作"宓"，就可以明显地看出来了。

【原文】

《太史公记》曰：宁为鸡口，无为牛后。此是删《战国策》耳。案：延笃《战国策音义》曰："尸，鸡中之主，从，牛子。"然则，"口"当为"尸"，"後"当为"从"，俗写误也。

应劭《风俗通》云："《太史公记》：'高渐离变名易姓，为人庸保，匿作于宋子，久之作苦，闻其家堂上有客击筑，伎痒，不能无出言。'"案：伎痒者，怀其伎而腹痒也。是以潘岳《射雉赋》亦云："徒心烦而伎痒。"今《史记》并作"徘徊"，或作"彷徨不能无出言"，是为俗传写误耳。

【译文】

太史公司马迁的《史记·苏秦传》中讲道："宁为鸡口，无为牛后。"这是节录了《战国策·韩策》中的文字。据考证：延笃的《战国策音义》在注解这句话时，解释说："尸，鸡中之主。从，牛子。"因而，《史记》中的"口"字当作"尸"，"后"字当作"从"，世俗的传本是抄写错了。

应劭的《风俗通义·声音》中讲道："太史公《史记·刺客列传》记载：'高渐离变名易姓，在宋子县给人家当仆人，辛苦劳作很久了。有一次他听见主人家厅堂里有客人在击筑，伎痒，不能无出言。'"我认为：伎痒的意思，是擅长某种技艺，一遇机会就想表现出来，如痒难忍。因此，潘岳的《射雉赋》中也讲道："徒心烦而伎痒。"现在《史记》传本都将"伎痒"写作"徘徊"，或写作"彷徨不能无出言"。这是世俗流传本写错了。

【原文】

《太史公》论英布曰："祸之兴自爱姬，生于妒媢，以至灭国。"又《汉书·外戚传》亦云："成结宠妾媢之诛。"此二"媢"并当作媢，媢亦也妬，义见《礼记》、《三苍》。且《五宗世家》亦云："常山宪王后妒媢。"王充

《论衡》云："妒夫娼妇生，则忿怒斗讼。"益知娼是妒之别名。原英布之诛为意贲赫耳，不得言媢。

【译文】

太史公司马迁的《史记·黥布传》在评论英布时说道：英布的杀身之祸是，"祸兴自爱姬、生于妒媚，以至灭国"。另《汉书·外戚传》中说："汉成帝因妒媚宠姬招致杀身之祸。"这两句话的"媚"都应该写作"媢"，"媢"也就是"妒"的意思，这个字的意思也可见于《礼记·大学》篇以及《三苍》。而《史记·五宗世家》也说："常山宪王后妒媢。"王充《论衡·论死》说："妬夫媢妇生，则忿怒斗讼。"便可以知道"媢"是"妒"的另一种说法。本来英布被杀是由于他猜疑贲赫引起的，不能说是"媚"所导致。

【原文】

《史记·始皇本纪》："二十八年，丞相隗林、丞相王绾等，议于海上。"诸本皆作山林之"林"。开皇二年五月，长安民掘得秦时铁称权，旁有铜涂镌铭二所。其一所曰："廿六年，皇帝尽并兼天下诸侯，黔首大安，立号为皇帝，乃诏丞相状、绾，法度量则不壹歉疑者，皆明壹之。"凡四十字。其一所曰："元年，制诏丞相斯、去疾，法度量，尽始皇帝为之，皆口刻辞焉。今袭号而刻辞不称始皇帝，其于久远也，如后嗣为之者，不称成功盛德，刻此诏口左，使毋疑。"凡五十八字，一字磨灭，见有五十七字，了了分明。其书兼为古隶。余被敕写读之，与内史令李德林对，见此称权，今在官库；其"丞相状"字，乃为状貌之"状"，旁作犬；则知俗作"隗林"，非也，当为"隗状"耳。

【译文】

《史记·始皇本纪》说："始皇二十八年，丞相隗林、丞相王绾等人，在东海之滨议论国事。"各种《史记》传本都将"隗林"的"林"字写成"山林"的"林"。隋文帝开皇二年五月，长安的百姓挖掘出秦朝的铁秤砣，只见它的两旁镶着两块刻有铭文的铜版。其中一块刻着的话的意思是："二十六年，皇帝一统天下，兼并诸侯，百姓的生活平静下来，确立了'皇帝'的称号，于是就下诏书命令丞相隗状、王绾，以秦国的度量衡为准则，来取代混乱的度量衡标准，使它们统一规范。”原文共四十个字。另一块铜版上所刻的话的意思是：“元年，皇帝下诏书命令丞相李斯、去疾统一天下度量衡。这些都是秦始皇帝的功绩，都有刻辞记载。现在的皇上都用‘皇帝’号，而原有刻辞并未用‘始皇帝’的称号。这样对于后代人来说，就分辨不出是哪一代皇帝所为了，倒像是二世三世做的呢，这就不符合始皇帝的创业功德了。因此，我们在前面刻上那块铭文，后人产生不了疑虑。”原文共五十八字，其中有一字被磨掉，剩下五十七字，清清楚楚，易于确认，这些字都是秦汉隶书写成的。我奉皇帝的命令描摹抄写这些刻辞，与内史令李德林对校，因此见到这块铁秤砣，它现在收藏在官府的书库里。刻辞中“丞相隗状”的“状”字，就是状貌的“状”，由“丬”字和“犬”字组合而成；由此可见，通常写作“隗林”是错误的，应当是“隗状”。

【原文】

《汉书》云：“中外禔福。” 禔字当从示。禔，安也，音“匙匕”之“匙”，义见《苍》、《雅》、《方言》。河北学士皆云如此。而江南书本，多误从手，属文者对偶，并为提挈之意，恐为误也。

或问：“《汉书注》：‘为元后父名禁，故禁中为省中。’何故以‘省’代‘禁’？”答曰：“案：《周礼·宫正》：‘掌王宫之戒令纠禁。’郑注云：‘纠，犹割也，察也。’李登云：‘省，察也。’张揖云：‘省，今省詧也。’然则小井、所领二反，并得训察。其处既常有禁卫省察，故以‘省’代‘禁’。詧，古察字也。”

【译文】

《汉书·司马相如》有“中外禔福”一语。“禔”字应当从“示”，就是安定的意思，读作“匙匕”的“匙”，字义的解释见于《苍》、《雅》、《方言》，北方的学者都认为是这样。而江南的《汉书》底本、副本大多误将“禔”写成“手”旁，成了“提”字，写文章的人作对偶句时，都将这个字理解为“提挈”的意思，这恐怕是错误的。

有人问我道：“《汉书注》说：因为汉元帝的皇后的父亲名禁，因此‘禁中’改称‘省中’。为什么用‘省’字来代替‘禁’字呢？”我回答说：“据考证《周礼·宫正》中说过‘掌王宫之戒令纠禁’的话，郑玄注解说：‘纠，犹如宰割、督察。’李登说：‘省，就是察看的意思。’张揖说：‘省，现在表示省督的意思。’这样的话，‘省’字的两种读音小井反或所领反，就都有表示察看的意思，所以用‘省’代替‘禁’。‘督’就是古代的‘察’字。”

【原文】

《汉明帝纪》：“为四姓小侯立学。”按：桓帝加元服，又赐四姓及梁、邓小侯帛，是知皆外戚也。明帝时，外戚有樊氏、郭氏、阴氏、马氏为四姓。谓之小侯者，或以年小获封，故须立学耳。或以侍祠猥朝，侯非列侯，故曰小侯，《礼》云：“庶方小侯。”则其义也。

《后汉书》云：“鹳雀衔三鳝鱼。”多假借为鳣鲔之“鳣”；俗之学士，因谓之为鳣鱼。案：魏武《四时食制》：“鳣鱼大如五斗奁，长一丈。”郭璞注《尔雅》：“鳣长二三丈。”安有鹳雀能胜一者，况三乎？鳣又纯灰色，无文章也。鳝长者不过三尺，大者不过三指，黄地黑文，故都讲云：“蛇鳝，卿大夫服之象也。”《续汉书》及《搜神记》亦说此事，皆作“鳝”字。孙卿云：“鱼鳖鳅鳣”及《韩非》、《说苑》皆曰：“鳣似蛇，蚕似蠋。”并作“鳣”字。假“鳣”为“鳝”。其来久矣。

【译文】

《后汉书·明帝纪》记载：“为四姓小侯立学。”据查证：桓帝登基之后，曾为四姓以及梁姓、邓姓的小侯行冠礼，并赐予丝帛。由此可知，这些人都是外戚。明帝时，外戚有樊氏、郭氏、阴氏、马氏四姓。之所以称他们是小侯，或者是因为他们年纪小就获封，所以要为他们建立学舍。或者是因为有些人只是以侍候的身份朝觐君主，并不是属于高爵位的列侯。《礼记·曲礼》说：“庶方小侯”，就是这个意思。

《后汉书·杨震传》中记载有“鹳雀衔着三条鳝鱼”的语句，“鳝”字多通假作“鳣鲔”的“鳣”字，大多数学者就把这句话中的“鳝鱼”当成了“鳣鱼”。据查证：魏武帝的《四时食制》记载：“鳣鱼大得如同能装五斗米的箱子，有一丈来长。”郭璞注解《尔雅》说：“鳣鱼身长二三丈。”鹳雀怎么能叼得起一条鳣鱼呢，更何况是三条呢？鳣鱼又是纯灰色，身上没有花纹。鳝鱼长不超过三尺，粗不超过三指，黄色的鱼身上有黑色的花纹，所以都说：“蛇鳝的颜色，就像卿大夫的衣服。”《续汉书》和《搜神记》也说及此事，都写作“鳝”字。《荀子·富国》中有“鱼鳖鳝鳣”之语,《韩非子》、《说苑》都这样描绘说：“鳣似蛇，蚕像蠋。”都是将“鳝”写作“鳣”。可见，将“鳣”字通假作“鳝”，由来已经很久了。

【原文】

《后汉书》：“酷吏樊晔为天水郡守，凉州为之歌曰：‘宁见乳虎穴，不入冀府寺。’”而江南书本“穴”皆误作“六”。学士因循，迷而不寤。夫虎豹穴居，事之较者，所以班超云：“不探虎穴，安得虎子？”宁当论其六七耶？

《后汉书·杨由传》云“风吹削肺”。此是削札牍之柿耳。古者，书误则削之，故《左传》云“削而投之”是也。或即谓札为削，王褒《童约》曰：“书削代牍。”苏竟书云：“昔以摩研编削之才。”皆其证也。《诗》云：“伐木浒浒。”毛《传》云：“浒浒，柿貌也。”史家假借为肝肺字，俗本因是悉作“脯腊”之“脯”，或为“反哺”之“哺”。学士因解云：“削哺，是屏障之名。”既无证据，亦为妄矣！此是风角占候耳。《风角书》曰：“庶人风者，拂地扬尘转削。”若是屏障，何由可转也？

【译文】

《后汉书·酷吏传》记载：“酷吏樊晔为天水郡守，凉州为他编了歌谣说：‘宁见乳虎穴，不入冀府寺。’”而江南传本，都将“穴”字误写成“六”字。学者沿袭了这个错误，因而弄不明白。虎豹住在洞穴中，这是很明白的事，所以班超说：“不探虎穴，安得虎子？”难道他会去计较六只老虎还是七只老虎吗？

《后汉书·杨由传》有“风吹削肺”的语句,“肺”当作“柿”，是指削牍所丢弃的木片。古时候，在简牍上刻错了字就用刀削去，所以《左传·襄公二十七年》说：“削而投之。”就是这个意思。也有人认为札就是“削”，王褒《童约》中说：“书削代牍”。苏竟给刘龚的信中说：“昔以摩研编削之才。”这些都是削是札的证据。《诗经·小雅·伐木》有“伐木浒浒”的诗句，毛亨解释说：“浒浒，柿貌也。”撰写史书的人将“柿”通假作“肝肺”的“肺”，世间传本据此写成“脯腊”的“脯”，有的将它写成“反哺”的“哺”。一些学者解释说：

"削哺，就是屏障的别名。"这种说法毫无根据，也太虚妄了！"风吹削哺"的意思是说风吹动木屑，这是搞风角占卜的人说的。《风角书》说："如果是通常之风，只能轻轻掠过地面，扬起尘土，吹动木屑。"如果"削"字表示屏障，那么风怎么可能吹转它呢？

【原文】

《三辅决录》云："前队大夫范仲公，盐豉蒜果共一筒。""果"当作魏颗之"颗"。北土通呼物一块，改为一颗，蒜颗是俗间常语耳。故陈思王《鹞雀赋》曰："头如果蒜，目似擘椒。"又《道经》云："合口诵经声璅璅，眼中泪出珠子碟。"其字虽异，其音与意颇同，江南但呼为蒜符，不知谓为颗。学士相承，读为裹结之裹，言盐与蒜共一苞裹，内筒中耳。《正史削繁》音义又音蒜颗为苦戈反，皆失也。

有人访吾曰："《魏志》蒋济上书云'弊攰之民'，是何字也？"余应之曰："意为攰即是皶倦之皶耳。张揖、吕忱并云：支旁作刀剑之刀，亦是剞字，不知蒋氏自造支旁作筋力之力或借剞字？终当音九伪反。"

【译文】

《三辅决录》说："前队大夫范仲公，用盐豉腌渍一桶蒜果。""果"字应当写作"魏颗"的"颗"字，北方地区普通遍将"一块"之物，改称作"一颗"，北方人改称作一颗东西，蒜颗是民间的口语。所以陈思王曹植在《鹞雀赋》中说："头如果蒜，目似擘椒。"另外，《道经》说："合口诵经声璅璅，眼中泪出珠子碟。""碟"、"颗"二字虽然形体不同，但音与义颇为相同。南方人将蒜颗称作"蒜符"，不知道"蒜符"就是蒜颗。学者们以此代代相传，将《三辅决录》中的"颗"字当成裹结的"裹"字，说是将盐与蒜放在一起包裹，纳入竹筒中。《正史削繁》又将"颗"读作苦戈反，这些都是错误的。

有人问我道："《魏志》记载：蒋济给皇帝上书说'弊攰之民'。'攰'字是什么意思呢？"我告诉他说："我想'攰'字就是'皶倦'的'皶'字。张揖、吕忱都说支旁加刀剑的刀也就是剞字。至于'攰'字，不知道是蒋氏用'支'旁加'筋力'的'力'自造而成的呢？还是将'攰'字通假作'剞'字呢？不管怎样，这个字终当读作九伪反。"

【原文】

《晋中兴书》："太山羊曼，常颓纵任侠，饮酒诞节，兖州号为䃧伯。"此字皆无音训。梁孝元帝常谓吾曰："由来不识。惟张简宪见教，呼为嚃羹之嚃。自尔便遵承之，亦不知所出。"简宪是湘州刺史张缵谥也，江南号为硕学。案：法盛世代殊近，当是耆老相传；俗间又有䃧䃧语，盖无所不施，无所不容之意也。顾野王《玉篇》误为黑旁沓。顾虽博物，犹出简宪、孝元之下，而二人皆云重边。吾所见数本，并无作黑者。重沓是多饶积厚之意，从黑更无义旨。

【译文】

《晋中兴书》记载："太山羊曼，放浪形骸，行侠仗义，好饮酒，不拘小节，兖州人称他为䃧伯"。"䃧"字从来没有注释过。梁朝孝元帝曾对我说："我从来不认识这个字。只有张简宪跟我说过，这个字读作嚃羹的'嚃'。从此，我就一直遵从他的读音，只是不知道它的出处。"张简宪是湘州刺史张缵的谥号，江南人都称赞他很有学识。据考证：《晋中兴书》的作者何法盛所处的时代距今很近，'䃧'字当是各代老学者不断相传下来的；民间也有"䃧䃧"这个词语，大概是无所不施、无所不容的意思。顾野王的《玉篇》误认为：这个字从"黑"旁，写作"黮"。顾氏虽然博学多识，但水平仍在张简宪、孝元帝之下，而他们都认为这个字应当从"重"旁。我见过几种《晋中兴书》的传本，都没有将它写成从"黑"旁的。重沓表示丰厚富饶的意思，如果从"黑"旁的话，就表达不出什么意义了。

【原文】

《古乐府》歌词，先述三子，次及三妇，妇是对舅姑之称。其末章云："丈人且安坐，调弦未遽央。"古者，子妇供事舅姑，旦夕在侧，与儿女无异，故有此言。丈人亦长老之目，今也俗犹呼其祖考为先亡丈人。又疑"丈"当作"大"，北间风俗，妇呼舅为大人公。"丈"之与"大"，易为误耳。近代文士，颇作《三妇诗》，乃为匹嫡并耦己之群妻之意，又加郑、卫之辞，大雅君子，何其谬乎。

《古乐府》歌百里奚词曰："百里奚，五羊皮，忆别时，烹伏雌，吹扊扅；今日富贵忘我为！""吹"当作炊煮之"炊"。案：蔡邕《月令章句》曰："键，关牡也，所以止扉，或谓之剡移。"然则当时贫困，并以门牡木作薪炊耳。《声类》作扊，又或作"扂"。

【译文】

《古乐府·清调曲·相逢行》歌词中，先叙述了三个儿子，然后说三个媳妇，媳妇是对公婆而言。歌词的最后一章写道："丈人且安坐，调弦未遽央。"古时候，媳妇早晚都侍奉在公婆身边，就像亲生女儿一样，所以就有这句歌词。丈人是用来称呼长辈的，现在一般人还把祖先称作先亡丈人。这个"丈"字，我怀疑应当是"大"字，北方的风俗，媳妇称公公为大人公。"丈"字与"大"字形相近，容易抄错。近代的文人，也写下了很多《三妇诗》，表现的却是夫妻和乐，妻妾和睦相处的内容。还加入了一些类似郑风、卫风之类的淫乐之辞，这些文人雅士，真是荒唐啊！

《古乐府》中歌唱百里奚的歌词说："百里奚，五羊皮；忆别时，烹伏雌，吹扊扅；今日富贵忘我为！"这句中的"吹"字应当是炊煮的"炊"。据考证：蔡邕《月令章句》中解释道："键，就是门闩，是用来固定门扇的，或称作'剡移'。"由此可知，百里奚当年非常贫困，把门闩当成柴火用来做饭。《声类》将"剡移"写作"扊扅"，其中"扊"字有时又写成"扂"字。

【原文】

《通俗文》世间题云："河南服虔字子慎造。"虔既是汉人，其《叙》乃引苏林、张揖；苏、张皆是魏人。且郑玄以前，全不解反语，《通俗》反音，甚会近俗。阮孝绪又云"李虔所造"。河北此书，家藏一本，遂无作李虔者。《晋中经簿》及《七志》，并无其目，竟不得知谁制。然其文义允惬，实是高才。殷仲堪《常用字训》，亦引服虔《俗说》，今复无此书，未知即是《通俗文》，为当有异？或更有服虔乎？不能明也。

【译文】

《通俗文》这本书，世上都写着："河南人服虔撰著。服虔字子慎。"既然服虔是汉朝人，为何书中的序言却又提到了苏林、张揖？因为苏林、张揖都是魏朝人。此外，郑玄之前的学者却都不了解反切，而《通俗文》中的反切，却完全符合近代的反切。阮孝绪认为《通俗文》为李虔所著。在北方，这本书几乎家家都有，但没有一本标明作者是李虔。《晋中经簿》和《七志》对本书的作者也没有记载，最终无法确定这本书的作者是谁。然而《通俗文》文义妥帖适当，确属于高水平之作。殷仲堪的《常用字训》也引用过服虔著的《俗说》，现在这本书已经没有了，不知道它是否就是《通俗文》，还是别有一本书呢？或许另有一位名叫服虔的人呢？这一切都无法弄清楚了。

【原文】

或问："《山海经》夏禹及益所记，而有长沙、零陵、桂阳、诸暨，如此郡县不少，以为何也？"答曰："史之阙文，为日久矣；加复秦人灭学，董卓焚书，典籍错乱，非止于此。譬犹《本草》神农所述，而有豫章、朱崖、赵国、常山、奉高、真定、临淄、冯翊等郡县名，出诸药物；《尔雅》周公所作，而云'张仲孝友'；仲尼修《春秋》，而《经》书孔丘卒；《世本》左丘明所书，而有燕王喜、汉高祖；《汲冢琐语》，乃载《秦望碑》；《苍颉篇》李斯所造，而云'汉兼天下，海内并厕，豨黥韩覆，畔讨灭残'；《列仙传》刘向所造，而《赞》云七十四人出佛经；《列女传》亦向所造，其子歆又作《颂》，终于赵悼后，而传有更始韩夫人，明德马后及梁夫人嫕：皆由后人所羼，非本文也。"

【译文】

有人问我："《山海经》相传是先秦的夏禹、伯益所著，书中有不少像长沙、零陵、桂阳、诸暨等秦汉时才有的郡县的名称，这是什么原因呢？"我回答说："史书中有缺佚可疑之处，这种现象自古就有；再加上秦人的摧残文化，董卓焚烧典籍，因此，在典籍中出现的混乱错误远不仅仅这些。譬如，《神农本草》为神农所作，书中提到出产药物的地方，就有豫章、朱崖、赵国、常山、奉高、真定、临淄、冯翊等秦汉时才有的郡县名称。《尔雅》为周公所作，而书中却有称赞'张仲孝顺父母，友爱兄弟'的语句，然而张仲是齐朝人；《春秋》为孔子所修订，而《春秋·哀公十六年》却提到孔子去世；《世本》为左丘明所著，书中却记载了燕王喜和汉高祖刘邦的生平；《汲冢琐语》是战国时期的著作，却载有李斯秦望碑的碑文；《苍颉篇》为秦相李斯所著，却记录了‘汉家兼并天下，威震海内，陈豨被黥、韩信被杀，叛逆被讨伐，残贼被消灭’等史实；《列仙传》为西汉的刘向所作，而其中的《赞》却提到修道成仙的人中，有七十四人被载入佛经；刘向还著有《列女传》，他的儿子刘歆著的《列女传颂》以战国赵悼后的生平作结尾，可是传文中还叙述到更始帝的韩夫人，东汉刘秀的明德马后以及东汉和帝的梁夫人梁嫕的生平等，这些都是后人搀杂进去的内容，并不是原来的文字。”

伯益　又名大费。古代东夷族首领，少昊之后，为虞夏之际的一位重要历史人物。

【原文】

或问曰：“《东宫旧事》何以呼‘鸱尾’为‘祠尾’？”答曰：“张敞者，吴人，不甚稽古，随宜记注，逐乡俗讹谬，造作书字耳。吴人呼‘祠祀’为‘鸱祀’，故以‘祠’代‘鸱’字；呼‘绀’为‘禁’，故以‘糹’旁作‘禁’代‘绀’字；呼‘盏’为竹简反，故以‘木’旁作‘展’代‘盏’字；呼镬字为霍字，故以‘金’旁作‘霍’代‘镬’字；又‘金’旁作‘患’为‘钚’字，‘木’旁作‘鬼’为‘魁’字，‘火’旁作‘庶’为‘炙’字，既下作‘毛’为‘髻’字；金花则‘金’旁作‘华’，窗扇则‘木’旁作‘扇’；诸如此类，专辄不少。

【译文】

有人问我说：“在《东宫旧事》中，‘鸱尾’为什么被说成‘祠尾’？我回答道：“这本书的作者是晋朝吴郡的张敞，他不注意考察古事，而是随意记事，沿用了民间的错误，随意地造字。吴郡人将‘祠祀’念成‘鸱祀’，他就用‘祠’代替‘鸱’；吴郡人将‘绀’念成‘禁’，他就用‘纟’旁与‘禁’字组成‘襟’来代替‘绀’；吴郡人将‘盏’读作竹简反，他就用‘木’旁与‘展’字组成‘榐’来代替‘盏’；吴郡人将‘镬’念成‘霍’，他就用‘金’字与‘霍’组成‘镭’字来代替‘镬’字。此外，他还用‘金’旁与‘患’字组成‘锶’来代替‘钚’；用‘木’旁与‘鬼’字组成‘槐’来代替‘魁’字；用‘火’旁与‘庶’字组成‘煻’来代替‘炙’；用‘既’与‘毛’组成

'甓'来代替'髻'字；用'金'旁与'华'字组成'铧'，表示金花；用'木'旁与'扇'字组成'槅'，表示窗扇。像这类的字他杜撰了很多。

【原文】

又问："《东宫旧事》：'六色罽緦'，是何等物？当作何音？"答曰："案《说文》云：'莙，牛藻也，读若威。'《音隐》：'坞瑰反。'即陆相所谓'聚藻，叶如蓬'者也。又郭璞注《三苍》亦云：'蕴，藻之类也，细叶蓬茸生。'然今水中有此物，一节长数寸，细茸如丝，圆绕可爱，长者二三十节，犹呼为莙；又寸断五色丝，横著线股间绳之，以像莙草，用以饰物，即名为莙；于时当绀六色罽，作此莙以饰绲带，张敞因造糸旁畏耳，宜作隈。"

【译文】

这个人又问道："《东宫旧事》中提到'六色罽緦'指的又是什么呢？应该怎么读呢？"我回答说："据考证：《说文解字·草部》解释说：'莙，就是牛藻，读若威。'《说文音隐》说：'莙，读作坞瑰反。'这就是陆机所说'聚藻，叶像蓬草'的那种植物。还有，郭璞注解《三苍》说：'蕴，是藻类植物，草叶很细，生长茂盛。'现在水中生长着这种植物，一节有几寸长，叶子很软，像蚕丝一样，圆圆的，弯弯的，招人喜爱。这种植物长的有二三十节，它又叫作莙，将五色丝线剪成一寸左右，中间用丝线系住，做成类似莙草的样子，当作装饰品，叫作'莙'。在晋朝时，当是用六色丝线捆扎成类似莙草形状，用来作束带的装饰品。张敞用'纟'旁与'畏'字组成'緦'表示这种东西，这是不对的，'緦'应当写作'莙'。"

【原文】

柏人城东北有一孤山，古书无载者。惟阚骃《十三州志》以为舜纳于大麓，即谓北山，其上今犹有尧祠焉；世俗或呼为宣务山，或呼为虚无山，莫知所出。赵郡士族有李穆叔、季节兄弟、李普济，亦为学问，并不能定乡邑此山。余尝为赵州佐，共太原王邵读柏人城西门内碑。碑是汉桓帝时柏人县民为县令徐整所立，铭曰："山有巏嶅，王乔所仙。”方知此巏嶅山也。巏字遂无所出。嶅字依诸字书，即旄丘之旄也，旄字，《字林》一音亡付反，今依附俗名，当音權务耳。入邺，为魏收说之，收大嘉叹。值其为《赵州庄严寺碑铭》，因云：“權务之精。”即用此也。

【译文】

柏人城的东北处有一座孤山，它在古书中是没有记载的，只有阚骃的《十三州志》提到：尧派舜进入山林中，指的就是这座孤山。山上至今还留有祭祀尧的祠庙；有人把这座山叫宣务山，有人把它叫做虚无山，没有人知道这两种山名的出处。赵郡的士族李穆叔、李季节兄弟俩和李善济，都是很有学问的人，对家乡的这座山也没办法考证出来。我在赵州当官的时候，曾与太原人王邵一起读过一篇碑文，这块石碑立在柏人城的西门内，是汉桓帝时柏人县的百姓为县令徐整所立。碑文说：“巏嶅山是王子乔成仙的地方。”我这才知道那座孤山就是巏嶅山。“巏”字的出处无法找到，“嶅”字依据各种字书就是旄丘的“旄”字。在《字林》中，“旄”字的一种读音是亡付反，现在依照通俗的称呼，“巏嶅”应当读作权务。我到了邺城以后与魏收说了此事，魏收对我的考证十分赞赏。当时他正在撰著《赵州庄严寺碑铭》，书中“权务之精”这句话，就是对我的考证作了引用。

【原文】

或问：“一夜何故五更？更何所训？”答曰：“汉、魏以来，谓为甲夜、乙夜、丙夜、丁夜、戊夜，又云鼓，一鼓、二鼓、三鼓、四鼓、五鼓，亦云一更、二更、三更、四更、五更。皆以五为节。《西都赋》亦云：‘卫以严更之署。’所以尔者，假令正月建寅，斗柄夕则指寅，晓则指午矣；自寅至午，凡历五辰。冬夏之月，虽复长短参差，然辰间辽阔，盈不过六，缩不至四，进退常在五者之间。更，历也，经也，故曰五更尔。”

【译文】

有人问我：“为什么一夜分为五更？‘更’又作何解释？”我回答说：“汉魏以来，一夜分为五段，称作甲夜、乙夜、丙夜、丁夜、戊夜，又叫作一鼓、二鼓、三鼓、四鼓、五鼓，还称作一更、二更、三更、四更、五更。这都是按五段来划分的。班固在《西都赋》说：'卫以严更之署'，这个'更'，就是指五更的意思。之所以这么分，是假定以寅月为正月，那么这时北斗星的斗柄在傍晚指向寅位，到天亮时就指向午位了。从寅位到午位，共经过了五个星区。虽然冬天、夏天夜晚的长短不同，但一夜之间斗柄指向的星区，最多不会超过六个，少的不少于四个，总是在五个左右。更的意思就是经历、经过，所以一夜分为五更。

【原文】

《尔雅》云："术，山蓟也"，郭璞注云："今术似蓟而生山中。"案：术叶其体似蓟，近世文士，遂读蓟为筋肉之筋，以耦地骨用之，恐失其义。

或问："俗名傀儡子为郭秃，有故实乎？"答曰："《风俗通》云：'诸郭皆讳秃。'当是前代人有姓郭而病秃者，滑稽戏调，故后人为其象，呼为郭秃，犹《文康》象庾亮耳。"

或问曰："何故名治狱参军为长流乎？"答曰："《帝王世纪》云：'帝少昊崩，其神降于长流之山，于祀主秋。'"案：《周礼·秋官》："司寇主刑罚。"长流之职，汉、魏捕贼掾耳。晋、宋以来，始为参军，上属司寇，故取秋帝所居为嘉名焉。

【译文】

《尔雅·释草》解释说："术，山蓟也。"郭璞解释道："今术似蓟而生山中。"经过考证，可以知道术的叶子的形状与蓟相似。近代的文人学者，有人将"蓟"读作"筋肉"的"筋"，用"山蓟"和"地骨"来作对偶，这恐怕不符合《尔雅》本义了。

有人问道："俗间称木偶戏叫郭秃，这又是出于何处？"我回答说："《风俗通》记载姓郭的人都避讳提到'秃'字，大概是他们的先人有一个秃头的。他举止滑稽，爱开玩笑，所以后来的人就模仿他的滑稽举止，发明出木偶戏来，并把它称作郭秃。这就像把文康比作庾亮一样。"

有人问我道："为什么把负责审理案件的参军叫作长流呢？"我回答说："《帝王世纪》记载：'少昊帝死后，神灵降临到长流山，掌管秋天的祭祀。'"

查阅资料：《周礼·秋官》章说："司寇掌管刑罚并审理案件。"汉魏时期，长流负责捉拿强盗，两晋以后，又被称作参军，上属司寇管辖，所以取秋帝所降临的长流山作为对审理案件官员的美名。

【原文】

客有难主人曰："今之经典，子皆谓非，《说文》所言，子皆云是，然则许慎胜孔子乎？"主人附掌大笑，应之曰："今之经典，皆孔子手迹耶？"客曰："今之《说文》，皆许慎手迹乎？"答曰："许慎检以六文，贯以部分，使不得误，误则觉之。孔子存其义而不论其文也。先儒尚得改文从意，何况书写流传耶？必如《左传》止戈为武，反正为乏，皿虫为蛊，亥有二首六身之类，后人自不得辄改也，安敢以《说文》校其是非哉？且余亦不专以《说文》为是也，其有援引经传，与今乖者，未之敢从。又相如《封禅书》曰：'導一茎六穗于庖，牺双觡共抵之兽。'此導训择，光武诏云：'非徒有豫养導择之劳是也。'而《说文》云：'䆃是禾名。'引《封禅书》为证；无妨自当有禾名䆃，非相如所用也。'禾一茎穗于庖'，岂成文乎？纵使相如天才鄙拙，强为此语；则下句当云'麟双觡共抵之兽'，不得云牺也。吾尝笑许纯儒，不达文章之体，如此之流，不足凭信，大抵服其为书，隐括有条例，剖析穷根源，郑玄注书，往往引以为证；若不信其说，则冥冥不知一点一画，有何意焉。"

【译文】

有位客人向我发难，道："现在经典，你认为很多是错误的，而《说文解字》中对文字的解释，你却说是正确的，如果真的如此，许慎难道比孔子高明吗？"我拍掌大笑，回答说："现在的经典都是孔子写的吗？"客人反问道："现在的《说文解字》都是许慎的手迹吗？"我回答说：许慎根据六书来分析字形，解释字义，将文字按部首分类，使文字的形、音、义准确无误，即使有错误也能及时发觉。孔子校订经书，只保存经文的大义宗旨，而对文字却不加以推究。

从前的学者尚且还用改变字形的办法来附会文意，至于流传抄写过程中，错误更是不计其数了。除非像《左传》中认为“武”字是由“止”“戈”组成，“正”字反过来就是“乏”，“蛊”字是由“皿”“虫”组成，“亥”字是由“二”和“六”组成，像这样对文字的解释，后人已无法随意改变，又怎么敢用《说文解字》去考订这种说法是对是错呢？同时，我也不认为《说文解字》是完全正确的，书中引用的典籍原文，如果与现在通行的典籍有差别，我也不敢盲目地依从它。例如：司马相如的《封禅书》说：“导一茎六穗于庖，牺双觡共抵之兽。”这句话中的“导”是选择的意思，光武帝下诏书说：“非徒有豫养导泽之劳。”其中的“导”字也是选择的意思。而《说文解字》却解释说：“䆃是禾名。”同时引用了《封禅书》作为例证；可能有一种谷物名叫“䆃”，但与司马相如《封禅书》中的“导”字是不同的。如果按照许慎的理解，“禾一茎穗于庖”难道还成为一句话吗？即使司马相如天生愚蠢，勉强写出了这句话，那么下句就不应该是“牺双觡共抵之兽”，而应该是“麟双觡共抵之兽”，来使上下句词义、词性对应。我曾经笑话许慎是个书呆子不了解文章的体裁，在文章方面是不值得信赖的。我大致信服《说文解字》对文字的解说。书中将文字按部首排列，分析字的形体，探求字的本义，郑玄注释经书，常常以《说文解字》作为论据；如果不相信许慎的学说，对字的一点一画就迷惑不解，不知道有什么意义。

【原文】

世间小学者，不通古今，必依小篆，是正书记；凡《尔雅》、《三苍》、《说文》，岂能悉得苍颉本指哉？亦是随代损益，互有同异。西晋已往字书，何可全非？但令体例成就，不为专辄耳。考校是非，特须消息。至如“仲尼居”，三字之中，两字非体，《三苍》“尼”旁益“丘”，《说文》“尸”下施“几”：如此之类，何由可从？古无二字，又多假借，以中为仲，以说为悦，以召为邵，以间为闲：如此之徒，亦不劳改。自有讹谬，过成鄙俗，“乱”旁为“舌”，“揖”下无“耳”，“鼋”、“鼍”从“龟”，“奋”、“夺”从“雚”，“席”中加“带”，“恶”上安“西”，“鼓”外设“皮”，“凿”头生“毁”，“离”则配“禹”，“壑”乃施“豁”，“巫”混“经”旁，“皋”分“泽”片，“猎”化为“獦”，“宠”变成“寵”，“业”左益“片”，

"灵"底著"器","率"字自有律音，强改为别；"单"字自有善意，辄析成异：如此之类，不可不治。吾昔初看《说文》，蚩薄世字，从正则惧人不识，随俗则意嫌其非，略是不得不下笔也。所见渐广，更加通变，救前之执，将欲半焉。若文章著述，犹择微相影响者行之，官曹文书，世间尺牍，幸不违俗也。

案：弥亘字从二间舟，《诗》云："亘之秬秠"是也。今之隶书，转"舟"为"日"；而何法盛《中兴书》乃以"舟"在"二"间为舟航字，谬也。《春秋说》以"人、十、四、心"为"德",《诗说》以"二"在"天"下为"酉",《汉书》以"货泉"为"白、水、真、人"。《新论》以"金"、"昆"为"银",《国志》以"天"上有"口"为"吴",《晋书》以"黄头"、"小"、"人"为"恭",《宋书》以"召"、"刀"为"劭",《参同契》以"人"负"告"为造：如此之例，盖数术谬语，假借依附，杂以戏笑耳。如犹转"贡"字为"项"，以"叱"为"七"，安可用此定文字音读乎？潘、陆诸子《离合诗》、《赋》、《栻卜》、《破字经》及鲍昭《迷字》，皆取会流俗，不足以形声论之也。

【译文】

现在那些研究文字、训诂的人，如果对古今文字的变化不十分了解，写字时一定要参考小篆，以此来校正书籍的错字。凡是《尔雅》、《三苍》、《说文》上面的文字，难道都能得到苍颉造字时的最初字形吗？也是依随年代变化而增减笔画，相互之间既有相同也存在差异。西晋以来的字书，不能全部否定。只要它能使体例完备，不任意专断地解释就可以了。考校文字的对错，特别需要斟酌。至于像"仲尼居"这三个字中，有两个字就不合正体,《三苍》在"尼"旁边加了"丘",《说文》在"尸"下面放了"几"，像这一类例子，怎么能够依从呢？古代一个字没有两种形体，又有很多都是假借的，以中为仲，以说为悦，以召为邵，以间为闲：诸如此类，也用不着劳神去改它。有时文字本身就有错讹谬误，这种错字却形成了不良的风气，如"乱"字旁边是"舌"，"揖"字下面无"耳"，"鼋"、"鼍"的下面部分依从了"龟"的形体，"奋"、"夺"的下面依从了“雚”的形体,“席”字中间加成“带”字,“恶”字上面安放成“西”,“鼓”字的右面写成“皮”字,“凿”字头上生出“毁”字,“离”字的左面配上“禹”字,“壑”字上面加成“豁”,“巫”字与“经”的“纟”旁相混淆。“皋”字分“泽”的半边成了“圣”,“猎”字变成了“獵”字,“宠”字变成了“寵”字,“业”字左面加上“片”,“灵”的下面写成“器”,“率”字本来就有律这个音,却勉强地改换为别的字,“单”字本来就有善这个音,却分开写成不同的两个字:类似这种情况,不能不加以整治。我从前看《说文》时,看不起俗字,想依从正体,又怕别人不认识,想随顺俗体,心里又觉得这样写不对,几乎因此而无从下笔了。后来,随着所见的东西逐渐增多,对通变的道理有了进一步了解,要补救从前的偏执态度,需要把从正和随俗二者结合起来,如果是写文章做学问,仍然要选择影响较小的俗字来用,如果是官府的文书,或社会上的信函,一定不要把习俗置之不顾。

据考证,弥亘的“亘”字属于“二”部,中间是一个“舟”字。《诗经》说:“亘之秬秠”就是证明。现在的隶书,将“舟”字用成了“日”字;可是何法盛的《中兴书》,竟然把“舟”在二中间认为是个“航”字,这实在是荒谬。《春秋说》中以人有十四心作为德字,《诗说》中以二在天下为酉字,《汉书》中把货泉拆为白水真人四字,《新论》以金昆两字合在一起称为银字,《国志》以天上有口作为吴字,《晋书》以黄头小人作为恭字,《宋书》以召刀合为邵字,《参同契》以人负告构成造字:类似这样的例子,不过都是些占卜家的荒谬语言、假借依附之外夹杂些玩笑罢了。就像把贡字写作项字,把叱当作七一样,哪里能够用这些来确定文字的音读呢?潘岳、陆机等人的《离合诗》、《赋》、《栻卜》、《破字经》,以及鲍照的《谜字》,都是为了迎合流俗平庸的人,确实不能用六书中的形声的方法去研讨评论它们。

【原文】

河间邢芳语吾云:“《贾谊传》云‘日中必熭。’注:‘熭,暴也。’曾见人解云:‘此是暴疾之意,正言日中不须臾,卒然便昃耳。’此释为当乎?”吾谓邢曰:“此语本出太公《六韬》,案字书,古者㬥晒字与曓疾字相似,惟下少异,后人专辄加傍日耳。言日中时,必须㬥晒,不尔者,失其时也。晋灼已有详释。”芳笑服而退。

【译文】

贾谊　又称贾太傅、贾长沙，河南洛阳人，西汉初年著名政治家、文学家。

一个叫邢芳的河间人对我说："《汉书·贾谊传》中有这样一句话：'日中必熭'。注释说：'熭，暴也。'我还曾听见有人这样解释说：'这个暴，是突然迅猛的意思，是说太阳在正中的时间很短，一刹那太阳就西斜了。'这种说法恰当吗？"我对邢芳说："这句话源于太公的《六韬》。查阅字书，古代暴晒的'暴'字与瀑疾的'瀑'字形体相近，只是二者的下半部稍有不同，后人便随意加上'日'旁写成了曝。'日中必㬥'的意思是说：太阳正中时，必须抓紧时间曝晒，否则就会失去时机。晋灼的《汉书集注》对这一句话作了详细的解释。"邢芳得到答复后十分满意，笑着离开了。

音辞

【原文】

夫九州之人，言语不同，生民已来，固常然矣。自《春秋》标齐言之传，《离骚》目楚词之经，此盖其较明之初也。后有扬雄著《方言》，其言大备。然皆考名物之同异，不显声读之是非也。逮郑玄注六经，高诱解《吕览》、《淮南》，许慎造《说文》，刘熹制《释名》，始有譬况假借以证音字耳。而古语与今殊别，其间轻重清浊，犹未可晓；加以内言外言、急言徐言、读若之类，益使人疑。孙叔言创《尔雅音义》，是汉末人独知反语。至于魏世，此事大行。高贵乡公不解反语，以为怪异。自兹厥后，音韵锋出，各有土风，递相非笑，指马之喻，未知孰是。共以帝王都邑，参校方俗，考核古今，为之折衷，榷而量之，独金陵与洛下耳。

【译文】

在全国各地，人们的语言并不完全相同，自从人类产生以来，本来就是如此。《春秋》用齐国的俗语记载历史，《离骚》是楚地词语的经典，这可能是关于方言差异最初的明确说法。后来扬雄著《方言》，对这方面进行了详细的论述。然而都是考证名物的异同，并没有确定读音的正确与否。直到郑玄注释六经，高诱注释《吕氏春秋》、《淮南子》，许慎著《说文解字》，刘熙著《释名》，才有用音同或音近的字来标明音读的方法。但是古音与今音不同，其中语言的轻重、清浊，不是十分清楚；再加上内言、外言、急言、徐言之类的方法，更加使人迷惑不解。孙叔言著《尔雅音义》，说明了反切法在汉末就已经存在了。魏朝以后，反切法十分盛行。高贵乡公曹髦不懂这种注音法，把它当成了一件奇怪的事情。从此以后，韵书层出不穷，这些书各自记录各地的方言，互相非议讥笑，各是其是、各非其非，不知到底谁对谁错。后来韵书都以帝王之都的语音作为标准音，同时参考各地方言，考核古今语音，调合二者，采取折衷的办法。概括而论，北方地区人们多以洛阳音为主，南方地区，人们多以建康音为主。

【原文】

南方水土和柔，其音清举而切诣，失在浮浅，其辞多鄙俗；北方山水深厚，其音沉浊而𫓧钝，得其质直。其辞多古语。然冠冕君子，南方为优；闾里小人，北方为愈。易服而与之谈，南方士庶，数言可辩；隔垣而听其语，北方朝野，终日难分。而南染吴、越；北杂夷虏，皆有深弊，不可具论。其谬失轻微者，则南人以钱为涎，以石为射，以贱为羡，以是为舐；北人以庶为戍，以如为儒，以紫为姊，以洽为狎。如此之例，两失甚多。

【译文】

南方水土柔和，所以人们语音清亮高昂而且发音急切，但发音浅而浮是不足的地方，言辞又多浅陋粗俗。北方地形山高水深，所以人们语音低沉浊重而且迟缓，言辞质朴正直，言辞中包含很多古语。就士大夫的言谈水平而论，南方好于北方；从普通人的说话水平来看，北方高于南方。让南方的士大夫与平民换穿衣服，只须听上几句话，他们的身份就可以辨别出来；隔墙听人交谈，北方的士大夫与平民言谈水平的差别很小，听一天也难以把他们的身份区分出来。但是南方话受到吴语、越语的影响，北方话夹杂着外族语言，二者都存在很大的弊端，这里就不一一具体述说了。语音出现的轻微错误是：南方人把“钱”读作“涎”，把“石”读作“射”，把“贱”读作“羡”，把“是”读作“舐”；北方人把“庶”读作“戍”，把“如”读作“儒”，把“紫”读作“姊”，把“洽”读作“狎”。诸如此类的例证，南方音与北方音的错误都很多。

【原文】

至邺已来，惟见崔子约、崔瞻叔侄，李祖仁、李蔚兄弟，颇事言词，少为切正。李季节著《音韵决疑》，时有错失；阳休之造《切韵》，殊为疏野。吾家儿女，虽在孩稚，便渐督正之；一言讹替，以为己罪矣。云为品物，未考书记者，不敢辄名，汝曹所知也。

【译文】

我来到邺都后，只知道崔子约、崔瞻叔侄二人，李祖仁、李蔚兄弟俩对语言略有研究，其论述较为准确。李季节著《音韵决疑》，里面时常出现错误；阳休写的《切韵》非常粗略草率。我们家的儿女，在幼儿时期就开始对他们的读音进行纠正；孩子一个字发音有错误，就当成自己的过失。谈论某种器物，如果没有经过考证有关书籍，就不敢擅自称呼它，这些都是你们应该知道的。

【原文】

古今言语，时俗不同；著述之人，楚、夏各异。《苍颉训诂》，反稗为逋卖，反娃为于乖；《战国策》音刎为免，《穆天子传》音谏为间；《说文》音戛为棘，读皿为猛；《字林》音看为口甘反，音伸为辛；《韵集》以成、仍、宏、登合成两韵，为、奇、益、石分作四章；李登《声类》以系音羿，刘昌宗《周官音》读乘若承：此例甚广，必须考校。前世反语，又多不切，徐仙民《毛诗音》反骤为在遘，《左传音》，切椽为徒缘，不可依信，亦为众矣。今之学士，语亦不正；古独何人，必应随其讹僻乎？《通俗文》曰：“入室求曰搜。”反为兄侯。然则兄当音所荣反，今北俗通行此音，亦古语之不可用者。玙璠，鲁人宝玉，当音“余烦”，江南皆音“藩屏”之“藩”。岐山当音为“奇”，江南皆呼为“神祇”之“祇”。江陵陷没，此音被于关中，不知二者何所承案。以吾浅学，未之前闻也。

【译文】

古时候和现在的语言，因为习俗风气的变化而有所不同；撰写文章的作者也有楚地人或中原人的差别，所以古今语音相差很大。《苍颉训诂》中“稗”读作逋卖切，“娃”读作于乖切；《战国策》中，“刎”读作“免”；《穆天子传》中“谏”读作“间”；《说文解字》中“戛”读作“棘”，“皿”读作“猛”；《字林》中，“看”读作口甘反，“伸”读作“辛”；“成”、“仍”、“宏”、“登”四字本在不同的韵部，《韵集》却把“成”、“仍”合为一韵，“宏”、“登”合为一韵，“为”、“奇”二字同在支部，“益”、“石”二字同在昔部，《韵集》反而把它们分到了四个韵部；李登的《声类》将“系”读作“羿”；刘昌宗的《周官音》将“乘”读作“承”。这类读音错误的例证很多，无法列举，必须加以校正。过去的反切，现在很多都无法拼出正确的读音，徐仙民的《毛诗音》将“骤”读作在遘切，徐邈的《左传音》将“椽”读作徒缘切，像这样不可以相信依从的反切，是很多的。现在的学者，还常常读错字；古人也同样读错字，为什么要沿袭他们的错误呢？《通俗文》说：“入室求曰搜。”“搜”读作兄侯切。如果这样的话，那么，“兄”就应该读作所荣切，这是明显错误的。现在北方民间通行的这个读音，也是不能沿用古音。玙璠是鲁国的宝玉，应当读作“余烦”，而南方人却把“璠”读作“藩屏”的“藩”。岐山的“岐”应当读作“奇”，而南方人却把它读作“神祇”的“祇”。江陵陷没以后这两种读音流传到关中，不知道二者以哪些典籍作为依据，我才疏学浅，从来没听说过。

【原文】

北人之音，多以举、莒为矩。惟李季节云：“齐桓公与管仲于台上谋伐莒，东郭牙望见桓公口开而不闭，故知所言者莒也。然则莒、矩必不同呼。”此为知音矣。

【译文】

北方人发音，很多情况下把“举”“莒”读作“矩”；只有李季节说过：“齐桓公与管仲在高台上商议讨伐莒国的事，东郭牙远远看见桓公的嘴张开而不合上，所以就知道他们谈论的正是莒国。如果这样的话，那么‘莒’、‘矩’二字必定不同呼。”这就是懂得音韵的了。

【原文】

夫物体自有精粗，精粗谓之好恶；人心有所去取，去取谓之好恶。此音见于葛洪、徐邈。而河北学士读《尚书》云好生恶杀，是为一论物体，一就人情，殊不通矣。

甫者，男子之美称，古书多假借为父字；北人遂无一人呼为甫者，亦所未喻，惟管仲、范增之号，须依字读耳。

案：诸字书，焉者鸟名，或云语词，皆音於愆反，自葛洪《要用字苑》分焉字音训：若训何训安，当音於愆反，“于焉消遥”，“于焉嘉客”，“焉用佞”，“焉得仁”之类是也；若送句及助词，当音矣愆反，“故称龙焉”，“故称血焉，”“有民人焉”，“有社稷焉”，“托始焉尔”，“晋郑焉依”之类是也。江南至今行此分别，昭然易晓；而河北混同一音，虽依古读，不可行于今也。

【译文】

物体本身有精良、粗劣的差别，精良就是“好”，粗劣的就是“恶”；人对事物的态度有厌恶、喜好的区别，厌恶被称作“恶”，喜好被称作“好”，这种以声调区别字音的方法起始于葛洪、徐邈。而北方的学者读《尚书》时，将“好生恶杀”这句话中表示厌恶情绪的“恶”读作表示物体粗劣的“恶”。这种读法一方面是指物体的质地，另一方面又指人的情绪，非常不符合情理。

“甫”是男子的美称，古书多通假为“父”字；北方人都依本字而读，没有一个人将“父”读作“甫”，这是因为他们不明白二者的通假关系。管仲号仲父，范增号亚父，只有像这种情况，“父”字必须读其本音。

据考证，大多数字书把“焉”解释成鸟名，或者解释成虚词，都读作於愆反。后来葛洪写了一本书名叫《要用字苑》，将“焉”字的读音释义加以区别；如果“焉”字表示“何”、“安”两种意义，就应当读作于愆反，“于焉嘉客”、“焉用佞”，“焉得仁”之类的句子就是这样；如果“焉”字用在句末，或者用作助词，就应该读作矣愆反，“故称龙焉”，“故称血焉”，“有民人焉”，“有社稷焉”，“托始焉尔”，“晋、郑焉依”之类的句子就是如此，这两种不同的读音至今还在南方地区通行，"焉"字的不同意义就明确易懂；而北方人都把两种读音混成一个读音，虽然这是遵从古音，但却不能通行于今天。

【原文】

邪者，未定之词。《左传》曰："不知天之弃鲁邪？抑鲁君有罪于鬼神邪？"《庄子》云："天邪地邪？"《汉书》云："是邪非邪"之类是也。而北人即呼为"也"，亦为误矣。难者曰："《系辞》云：'乾坤，《易》之门户邪？'此又为未定辞乎？"答曰："何为不尔！上先标问，下方列德以折之耳。"

江南学士读《左传》，口相传述，自为凡例，军自败曰败，打破人军曰破。诸记传未见补败反，徐仙民读《左传》，惟一处有此音，又不言自败、败人之别，此为穿凿耳。

【译文】

"邪"是表示疑问的词语。《左传》上说："不知天之弃鲁邪？抑鲁君有罪于鬼神邪？"庄子说："天邪？地邪？"《汉书》说："是邪？非邪？"这类句子就是这种说法，而北方人却把"邪"字读作"也"，这就不对了。有人反驳道："《系辞》说：'乾坤，易之门户邪？'这个'邪'字难道也是疑问语气词吗？"我回答说："为什么不是呢？上面先提出问题，后面才列举乾坤之德来作为裁断啊。"

江南地区的学者读《左传》都是靠口头传授，相互传述，自己确立音读规则，军队自己溃败的"败"读作蒲麦反，打败别国军队的"败"读作补败反，各种历史传记中没有见过"补败反"这个读音。只有徐仙民著的《左传音》，只有一处注了这个读音，但没有说明军队已溃败或打败别国军队，这就显得牵强附会了。

【原文】

古人云："膏粱难整。"以其为骄奢自足，不能克励也。吾见王侯外戚，语多不正，亦由内染贱保傅，外无良师友故耳。梁世有一侯，尝对元帝饮谑，自陈"痴钝"，乃成"飔段"，元帝答之云："飔异凉风，段非干木。"谓"郢州"为"永州"，元帝启报简文，简文云："庚辰吴入，遂成司隶。"如此之类，举口皆然。元帝手教诸子侍读，以此为诫。

河北切攻字为古琮，与工、公、功三字不同，殊为僻也。比世有人名暹，自称为纤；名琨，自称为衮；名洸，自称为汪；名汮，自称为獡。非惟音韵舛错，亦使其儿孙避讳纷纭矣。

【译文】

古人说："整日享用精美食物的人，很少有品行端正的。"这是因为他们骄横奢侈，不能克制自己。我见那些王公贵戚，语音多不纯正，也是因为他们在内受到低贱保傅的影响，在外没有良师益友的教导。梁朝有一位贵族，曾经与孝元帝一起饮酒戏谑，自称"痴钝"。可他把这两个字念成了"飔段"。元帝回答说："按照你的读法，'飔'字就不是表示凉风的'飔'，'段'就不是表示段干木的'段'。"有人把"郢州"读成"永州"。孝元帝把这件事告诉了简文帝，简文帝说："这样的话'庚辰吴人'，就可以说成'司隶鲍永'了。"类似此句的句子，那些达官贵人满口都是。孝元帝亲自教授皇子侍读的时候，就把这些作为对他们的告诫。

北方人把"攻"读作古琮切，与"工""公"、"功"三字读音不同，这是太谎谬了。近世有人名叫"暹"，他自己将"暹"读成"纤"；有人名叫"琨"，他自己将"琨"读成"衮"；有人名叫"洸"，他自己将"洸"读成"汪"；有人名叫"汮"，他自己将"汮"读成"獡"，这样不仅读音错误，而且使后代子孙的避讳变得纷繁而杂乱了。

终　制

【原文】

死者，人之常分，不可免也。吾年十九，值梁家丧乱，其间与白刃为伍者，亦常数辈；幸承余福，得至于今。古人云："五十不为夭。"吾已六十余，故心坦然，不以残年为念。先有风气之疾，常疑奄然，聊书素怀，以为汝诫。

先君先夫人皆未还建邺旧山，旅葬江陵东郭。承圣末，已启求扬都，欲营迁厝。蒙诏赐银百两，已于扬州小郊北地烧砖，便值本朝沦没，流离如此，数十年间，绝于还望。今虽混一，家道罄穷，何由办此奉营资费？且扬都污毁，无复孑遗，还被下湿，未为得计。自咎自责，贯心刻髓。计吾兄弟，不当仕进，但以门衰，骨肉单弱，五服之内，旁无一人，播越他乡，无复资荫；使汝等沈沦厮役，以为先世之耻；故靦冒人间，不敢坠失。兼以北方政教严切，全无隐退者故也。

今年老疾侵，傥然奄忽，岂求备礼乎？一日放臂，沐浴而已，不劳复魄，殓以常衣。先夫人弃背之时，属世荒馑，家涂空迫，兄弟幼弱，棺器率薄，藏内无砖。吾当松棺二寸，衣帽已外，一不得自随，床上惟施七星板；至如蜡弩牙、玉豚、锡人之属，并须停省，粮罂明器，故不得营，碑志旒旐，弥在言外。载以鳖甲车，衬土而下，平地无坟；若惧拜扫，不知兆域，当筑一堵低墙于左右前后，随为私记耳。灵筵勿设枕几，朔望祥禫，惟下白粥清水干枣，不得有酒肉饼果之祭。亲友来餟酹者，一皆拒之。汝曹若违吾心，有加先妣，则陷父不孝，在汝安乎？其内典功德，随力所至，勿刳竭生资，使冻馁也。四时祭祀，周、孔所教，欲人勿死其亲，不忘孝道也。求诸内典，则无益焉。杀生为之，翻增罪累。若报罔极之德，霜露之悲，有时斋供，及七月半盂兰盆，望于汝也。

孔子之葬亲也，云：“古者墓而不坟。丘东西南北之人也，不可以弗识也。”于是封之崇四尺。然则君子应世行道，亦有不守坟墓之时，况为事际所逼也！吾今

羁旅，身若浮云，竟未知何乡是吾葬地；惟当气绝便埋之耳。汝曹宜以传业扬名为务，不可顾恋朽壤，以取堙没也。

【译文】

死，对人来说是正常的事情，没有人免得了。我十九岁的时候，正赶上梁朝政局动荡不安，那时多次险被刀剑所伤。幸亏承蒙祖上的福荫，我才能活到今天。古人说："活到五十岁就不算短命了。"我现在已经六十多岁了，所以心里坦然，并不把还能活多少年放在心上。以前我有风湿病，常怀疑自己会突然死去，因此姑且把自己平时的想法写出来，作为对你们的告诫。

我的亡父与亡母都未能归葬于故乡建邺，暂时葬在江陵的东郊。承圣末年，已向朝廷提出迁葬回去的要求，蒙诏赐一百两银子用来迁葬，我已在扬州郊外北边造墓。此时正赶上梁朝灭亡，我因此到处流离，几十年来，对迁葬扬州已不抱什么希望了。现在虽然天下统一，只是家道衰落，迁葬的资费不知从何处才能筹措，而且扬州已被破坏，老家没有一个亲人了。加上坟地被淹，土地低洼潮湿，没办法迁葬。只有自己责备自己，悲伤痛穿心髓。本来我觉得我和几个兄弟不适合当官，只是因为门庭衰落，兄弟单弱，亲戚之中，五服之内没有可以依靠的人，飘泊流离到他乡异域，不能庇护你们，担心你们沦落为仆役，使祖先受到耻辱，所以才惭愧冒昧地在人间当官，并不敢使家门更加衰落；此外，北方政令严厉，谁也不敢隐退。

现在我年老多病，假如一旦突然死去，还敢要求葬礼周备吗？哪一天撒手离开了人世，只要为我沐浴就行了，不必费力去招魂；入殓时穿平时的衣服。你们的祖母去世的时候，正逢世上连年闹灾荒，家中贫困窘迫，你们兄弟都还幼小，所以棺木不厚，墓内也没用砖砌。因而我也只想用二寸厚的松木棺材，除了衣帽以外，一律不要随葬品，棺床上只要铺一块七星板；至于蜡弩牙、玉豚、锡人之类，都不必再用了。装粮食的瓮、罂等各种明器，固然不必去置办，墓志铭、旗幡就更不用说了。出殡时用低矮的平板车运送灵柩，墓坑中铺一层土下葬就可以了。墓地平坦，不要隆起土堆，如果怕以后祭扫认不得地方，可以在墓地的前后左右修筑一道小矮墙，随便作个记号就行了。供奉的灵床不要摆设坐卧的用具，朔望祥禫祭奠的时候，只要用稀粥、清水、干枣，不可有酒肉、糕点，

水果等祭品，亲友前来祭奠，都可拒绝。你们如果违背我的意愿，超过了对祖母的礼仪，便会使我陷于不孝，那样你们能安心吗？做佛事功德，要量力而行，不要太耗费钱财，造成受冻挨饿。春、夏、秋、冬四季祭祀祖先，这是按周公、孔子的教导，不要忘记死去的亲人，不要忘记孝道而已；如果用佛经超度，则是无益之举。若再宰杀牲畜来祭奠，反而增添罪过。如果要报答父母无限的恩德，那么按时设祭供奉，还有七月十五日设置盂兰盆。这是我对你们寄予的一点希望。

孔子安葬亲人时说道："在古时候墓是没有土堆的。我孔丘是四处奔走的人，不能不在墓地上留个标志。"于是在墓上造了个土堆，有四尺高。君子不能不顺应时代，有所作为，还常有不守候父母坟墓的时候；何况为情势所逼无法守墓呢！我现在流落他乡，就像浮云一样飘忽不定，都不知道我将葬身于何处，只要在我断气以后，随地埋葬就行了。你们应该以继承功业、弘扬美名为主要事务，不可以因为顾恋祖坟而使自己事业不成，一生默默无闻啊！